EXERCICES

ET

PROBLÈMES D'ARITHMÉTIQUE

Présentant progressivement

LES DIFFICULTÉS DU CALCUL ET DES OPÉRATIONS

LES DIVERSES FORMES EMPLOYÉES DANS LES ÉNONCÉS

ET DE NOMBREUSES APPLICATIONS AUX CONNAISSANCES UTILES

AVEC DES DONNÉES EXACTES ET POSITIVES

Par Am. JACQUET

Auteur d'un Cours d'Arithmétique et de plusieurs autres ouvrages classiques

1ᵉʳ DEGRÉ. — SOLUTIONS

PARIS

MASSE ET BOYER, LIBRAIRES-ÉDITEURS

49, RUE SAINT-ANDRÉ-DES-ARTS, 49

RÉPONSES

AUX

EXERCICES ET PROBLÈMES

D'ARITHMÉTIQUE

Paris. Imp. de Édouard Blot, rue Saint-Louis, 46.

EXERCICES

ET

PROBLÈMES D'ARITHMÉTIQUE

Présentant progressivement

LES DIFFICULTÉS DU CALCUL ET DES OPÉRATIONS

LES DIVERSES FORMES EMPLOYÉES DANS LES ÉNONCÉS

ET DE NOMBREUSES APPLICATIONS AUX CONNAISSANCES UTILES

AVEC DES DONNÉES EXACTES ET POSITIVES

PAR AM. JACQUET

Auteur d'un Cours d'Arithmétique et de plusieurs autres ouvrages cassiques

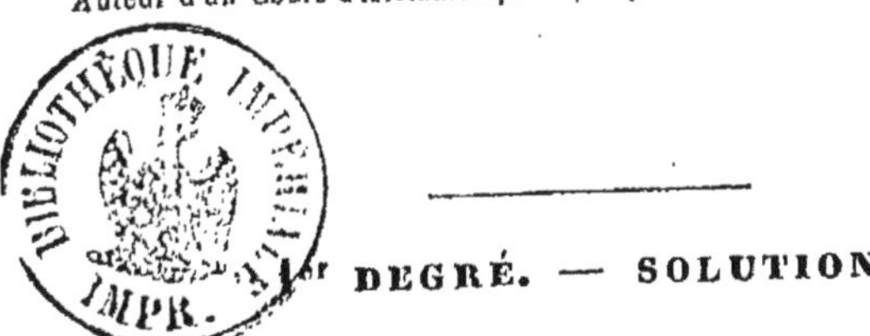

1er DEGRÉ. — SOLUTIONS

PARIS

LAROUSSE ET BOYER, LIBRAIRES-ÉDITEURS

49, RUE SAINT-ANDRÉ-DES-ARTS, 49

1861

RÉPONSES

AUX

EXERCICES ET PROBLÈMES

D'ARITHMÉTIQUE

NOMBRES ENTIERS

NUMÉRATION.

1. Cinq, dix, quinze, vingt, vingt-cinq, trente, trente-cinq, quarante, quarante-cinq, cinquante, cinquante-cinq, soixante, soixante-cinq, soixante-dix, soixante-quinze, quatre-vingts, quatre-vingt-cinq, quatre-vingt-dix, quatre-vingt-quinze, cent, cent cinq, cent dix, cent quinze, cent vingt, cent vingt-cinq, cent trente, zéro, trois, six, neuf, douze, dix-huit, vingt et un, vingt-quatre, vingt-sept, trente-trois, trente-six, trente-neuf, quarante-deux, quarante-huit, cinquante et un, cinquante-quatre, cinquante-sept, soixante-trois, soixante-six, soixante-neuf, soixante-douze, soixante-dix-huit, quatre-vingt-un, quatre-vingt-quatre, quatre-vingt-sept, quatre-vingt-treize, quatre-vingt-seize, quatre-vingt-dix-neuf, cent deux.

2. 1... 7... 9... 11... 13... 17... 19... 23... 29... 31... 37... 41... 43... 47... 49... 53... 59... 61... 67... 71... 73... 77... 79... 83... 89... 91... 97...

101... 103... 107... 109... 111... 113... 117... 119...
121... 123... 127... 129... 131... 133... 135... 137...
139... 141... 143... 145... 147... 149... 151... 153...
155... 157... 159... 161... 163... 165... 167... 169...
171... 173... 175... 177... 179... 181... 183... 185...
187... 189... 191... 193... 195... 197... 199.

3. 11... 111... 1011... 11011111... 101... 2 001...
301 001... 4 004 004... 5 000 000 000... 5 005... 21...
29... 31... 33... 41... 44... 55... 66... 80... 81...
97.

4. 1° Dizaine; — centaine de mille; — unité de billions;
— unité simple; — unité de mille; — dizaine de millions;
— centaine; — centaine de millions; — dizaine de mille;
— unité de trillions; — unité de millions.

2° Ce sont les groupes successifs formés par la réunion des
ordres, de trois en trois, en partant des unités simples.

3° A la troisième; — à la deuxième; — à la cinquième;
— à la quatrième.

4° Des unités, des dizaines et des centaines, c'est-à-dire
des unités des trois premiers ordres; — des unités, des dizaines et des centaines de mille, c'est-à-dire des unités du
4ᵉ, du 5ᵉ et du 6ᵉ ordre; — des unités, des dizaines et des
centaines de millions, c'est-à-dire des unités du 7ᵉ, du 8ᵉ et
du 9ᵉ ordre.

5. Mille, un million, dix mille, dix millions, cent mille,
un billion, cent millions, dix billions, mille deux cent quatre,
mille neuf, trois mille soixante, soixante-treize mille huit
cent cinquante-six, quatre-vingt-neuf mille quatre, quatre-
vingt-seize mille trente, huit cent cinquante-huit mille trois,
sept cent vingt mille cent onze, cent neuf mille quatre-vingt-
dix, trois millions quatre cent vingt-six mille quatre cent
quarante-cinq, huit millions cent cinquante-neuf mille, deux
millions huit cent cinquante-sept mille trois cent neuf,
quarante-cinq millions trente huit mille soixante-sept,
soixante-trois millions deux cent quatre-vingt-quatorze mille
cinquante, six cent millions sept mille huit, deux billions
cinq cent trente-huit millions quatre cent trente-deux mille

cinq cent soixante-dix-huit, cinq billions trois cent quatre-vingt millions six mille cinq.

6. 2ᵉ classe, 5ᵉ ordre; — 2ᵉ classe, 6ᵉ ordre; — 2ᵉ classe. 4ᵉ ordre; — 3ᵉ classe, 7ᵉ ordre; — 1ʳᵉ classe, 2ᵉ ordre; — 1ʳᵉ classe, 3ᵉ ordre; — 3ᵉ classe, 8ᵉ ordre; — 2ᵉ classe, 5ᵉ ordre; — 4ᵉ classe, 10ᵉ ordre; — 4ᵉ classe, 11ᵉ ordre.

7. 2 — 3 — 3 — 3 — 4 — 4 — 6 — 5 — 2 — 2 — 7 — 10 ordres d'unités.

8. 8 — 10 — 1 — 3 — 2 — 9 — 35 — 231 — 100001 — 63 — 120.

9. 34 — 8 — 73 — 17 — 438 — 274 — 1 — 9437 — 4325 — 673 — 8342 — 73450 — 180007 — 63495.

10. 1° Cinq cent deux mille deux cent seize — vingt — quatre cent trente-huit mille cent quatre-vingt-trois — trente — trois cent soixante-neuf mille quatre cent quatre — quarante — deux cent quatre-vingt-dix-sept mille soixante-dix — cinquante — deux cent treize mille cinq cent soixante-sept — soixante — cent dix-sept mille six cent cinquante-six — soixante-dix — trente-quatre mille sept cent cinq — quatre-vingts — trois mille huit cent trente — quatre-vingt-dix — deux cent sept — cent — seize — cent cinq — huit — cent six — quatre — cent sept — deux — cent huit — un — cent neuf — zéro — cent dix.

2° Mil huit cent cinquante et un — seize — S., un million quatre cent vingt-deux mille soixante-cinq; — N., un million cent cinquante-huit mille deux cent quatre-vingt-cinq; — S.-I., sept cent soixante-deux mille trente-neuf; — P.-de-C., six cent quatre-vingt-douze mille neuf cent quatre-vingt-quatorze; — C.-du-N., six cent trente-deux mille six cent treize; — F., six cent dix-sept mille sept cent dix; — G., six cent quatorze mille trois cent quatre-vingt-sept; — I., six cent trois mille quatre cent quatre-vingt-dix-sept.

M., six cent mille huit cent quatre-vingt-deux; — P.-de-D., cinq cent quatre-vingt-seize mille huit cent quatre-vingt-dix-sept; — B.-R., cinq cent quatre-vingt-sept mille quatre cent trente-quatre; — R., cinq cent soixante-quatorze

mille sept cent quarante-cinq ; — S.-et-L., cinq cent soixante-
quatorze mille sept cent vingt ; — I.-et-V., cinq cent soixante-
quatorze mille six cent dix-huit ; — S., cinq cent soixante-
dix mille six cent quarante et un ; — L.-I., cinq cent
trente-cinq mille six cent soixante-quatre ; — seize ; —
H.-A., cent trente-deux mille trente-huit ; — L., cent quarante-quatre mille sept cent cinq ; — B.-A., cent cinquante-
deux mille soixante-dix ; — P.-O , cent quatre-vingt-un
mille neuf cent cinquante-cinq ; — C., deux cent trente-six
mille deux cent cinquante-un ; — H.-P., deux cent cinquante
mille neuf cent trente-quatre ; — C., deux cent cinquante-
trois mille trois cent vingt-neuf ; — L.-et-C., deux cent
soixante-un mille huit cent quatre-vingt-douze ; — A., deux
cent soixante-cinq mille deux cent quarante-sept ; — A.,
deux cent soixante-sept mille quatre cent trente-cinq ; — H.-
M., deux cent soixante-huit mille trois cent quatre-vingt-
dix-huit ; — I., deux cent soixante-onze mille neuf cent
trente-huit ; — C., deux cent quatre-vingt-sept mille soixante-
quinze ; — A., deux cent quatre-vingt-neuf mille sept cent
quarante-sept ; — L., deux cent quatre-vingt-seize mille
deux cent vingt-quatre ; — D., deux cent quatre-vingt-seize
mille six cent soixante-dix-neuf.

11. Nonante-cinq — octante-sept — septante-trois —
septante-quatre — septante-neuf — octante-un — octante-
huit — deux mille septante — six mille deux cent septante-
deux — neuf mille neuf cent nonante — quinze mille huit
cent septante-un — un milliard deux cent soixante-quatre
millions huit cent trente mille septante-trois — trente-deux
milliards quatre cent deux millions cinquante-trois mille huit
cent octante-huit — quatre cent cinquante-sept mille
trois — huit milliards cinq cent quarante-neuf millions cinquante-trois mille quatre cent dix — Huit cent nonante-cinq
— mille huit cent soixante-un — quatre mille sept cent
septante — trente-quatre milliards deux cent cinq millions
trois cent octante-neuf mille neuf cent cinquante-quatre
— quarante-quatre mille trois cent octante-huit — cent milliards sept cent trente-cinq millions quatre cent huit mille
deux cent neuf. — Quatre cent quinze milliards, six cent

vingt-huit millions, trois cent septante mille quatre cent octante.

Majuscules.

12. 1° II... IV... VI... IX... XIX... XXIX... XV...
XXXVIII... XXXIX... XL... XLIV... L... LIX... LX...
LXX... LXXV... LXXIX... LXXX... XC... XCIX... C...
CI... CCV... CDIII... MCC.

Minuscules.

2° ij... iv... vj... ix... xix... xxix... xv... xxxviij...
xxxix... xl... xliv... l... lix... lx... lxx... lxxv...
lxxix... lxxx... xc... xcix... c... cj... ccv... cdiij...
mcc.

13. 40... 5... 20... 35... 60... 70... 90... 200...
1 000... 1100... 27... 900... 1 500... 199... 400...
400... 1 005... 2 000... 1 751... 100... 63... 10...
51... 1 810... 1 861... 3... 13... 48... 15... 14...
16... 59... 54... 27... 4.

14. 1° 27... 1 627... 12... 1 704... 77.
2° 1 560... 9... 1 626... 66.
3° 31... 1 596... 11... 1 650.
4° 17... 19... 1 623... 19... 1 662... 39.
5° 23... 1 656... 1 669... 7.

15. 40... 80... 70... 150... 200... 300... 1 000...
2 000.

16. 40... 7... 26... 100... 350... 480... 1... 3...
60... 24... 2 000... 1 200... 700... 90... 13... 140...
300... 10.

17. 600... 1 800... 2 900... 4 000... 3 300...
10 000... 1 000... 80 000... 7 500... 12 000... 30 400...
7 400... 10 800... 640 000... 300 000... 3 430 000...
160 000... 2 200 000... 10 000 000... 6 200 000.

18. 340... 27... 115 000... 6 010... 4 210... 239...
700... 81 000... 18 600... 1 500... 3 420... 2 200.

ADDITION DES NOMBRES ENTIERS.

TABLE D'ADDITION.

19.

1 et 0 font 1	2 et 0 font 2	3 et 0 font 3
1 — 1 — 2	2 — 1 — 3	3 — 1 — 4
1 — 2 — 3	2 — 2 — 4	3 — 2 — 5
1 — 3 — 4	2 — 3 — 5	3 — 3 — 6
1 — 4 — 5	2 — 4 — 6	3 — 4 — 7
1 — 5 — 6	2 — 5 — 7	3 — 5 — 8
1 — 6 — 7	2 — 6 — 8	3 — 6 — 9
1 — 7 — 8	2 — 7 — 9	3 — 7 — 10
1 — 8 — 9	2 — 8 — 10	3 — 8 — 11
1 — 9 — 10	2 — 9 — 11	3 — 9 — 12

4 et 0 font 4	5 et 0 font 5	6 et 0 font 6
4 — 1 — 5	5 — 1 — 6	6 — 1 — 7
4 — 2 — 6	5 — 2 — 7	6 — 2 — 8
4 — 3 — 7	5 — 3 — 8	6 — 3 — 9
4 — 4 — 8	5 — 4 — 9	6 — 4 — 10
4 — 5 — 9	5 — 5 — 10	6 — 5 — 11
4 — 6 — 10	5 — 6 — 11	6 — 6 — 12
4 — 7 — 11	5 — 7 — 12	6 — 7 — 13
4 — 8 — 12	5 — 8 — 13	6 — 8 — 14
4 — 9 — 13	5 — 9 — 14	6 — 9 — 15

7 et 0 font 7	8 et 0 font 8	9 et 0 font 9
7 — 1 — 8	8 — 1 — 9	9 — 1 — 10
7 — 2 — 9	8 — 2 — 10	9 — 2 — 11
7 — 3 — 10	8 — 3 — 11	9 — 3 — 12
7 — 4 — 11	8 — 4 — 12	9 — 4 — 13
7 — 5 — 12	8 — 5 — 13	9 — 5 — 14
7 — 6 — 13	8 — 6 — 14	9 — 6 — 15
7 — 7 — 14	8 — 7 — 15	9 — 7 — 16
7 — 8 — 15	8 — 8 — 16	9 — 8 — 17
7 — 9 — 16	8 — 9 — 17	9 — 9 — 18

20.

	1°	2°	3°
	3	13	14
	6	11	14
	9	5	12
	6	15	15
	12	14	18
	13	16	17

21.

	1°	2°	3°
	6	6	10
	15	5	13
	7	18	23
	17	12	24
	17	23	22
	17	24	15

22.

	1°	2°	3°
	2	7	12
	14	24	12
	14	15	16
	18	19	19
	19	28	25
	27	19	27

23.

	1°	2°	3°
	11	89	107
	14	50	112
	18	70	314
	22	63	438
	26	47	724
	30	54	817
	32	78	535
	33	84	654
	34	108	983
	27	99	757
	30	52	503
	68	105	851

24.

	1°	2°	3°
	1 019	6 282	8 757
	1 924	7 371	4 643
	1 720	8 776	6 565
	2 317	9 377	7 506
	4 828	6 763	6 106
	6 221	2 833	4 681
	7 456	4 979	8 584

25.

	1°	2°
	49 156	55 901
	18 588	90 233
	77 850	18 436
	89 262	29 996
	98 842	60 218
	18 849	94 423
	77 546	47 401
	76 311	36 619
	85 987	50 194
	31 132	86 363

26. 34 437... 10 313... 72 929... 42 214... 64 733... 6 810.

27. 354 674... 102 115... 14 666 632... 27 004 635... 48 698 403... 111 105.

28. 367 035... 740 070... 987 560... 4 489 380... 5 567 280... 786 415.

29. 464 534 832... 64 179 375... 48 051 703... 31 346 429... 902 465 418... 226 919 353.

PROBLÈMES

SUR L'ADDITION DES NOMBRES ENTIERS.

30. 1 635 kilog.

31. 400 ports.

32. 81 élèves.

33. 107 francs.

34. 224 francs.

35. 29 600 000 habitants.

36. En l'an 1850.

37. 313 francs.

38. 3 553 francs.

39. 2 177 ans; 2 068 ans; 1 019 ans.

40. 374 grains.

41. Elle est de 7 419 litres.

42. 2 797 francs.

43. 250 000 kilog.

44. Les longueurs des pilotis seraient de 877 centimètres, 693 cent., 785 cent.; la longueur de la rampe proposée serait de 2 355 centimètres.

45. 81 479 francs.

46. 242 feuillets.

47. 512 kilomètres.

48. 62 595 francs.

49. 218 lettres.

50. 183 francs.

51. 4 160 kilog.

52. 185 francs.

53. 3 652 jours.

54. 150 objets; 223 fr.

55. 1 574 francs.

56. En 987.

57. 34 000 000 d'habitants.

58. 13 200 kilomètres.

59. La somme des chiffres de chacun des nombres est 14.

60. La somme est 20.

61. 252 francs.

62. 164 618 francs.

63. 153 635 francs.

SOUSTRACTION DES NOMBRES ENTIERS.

64. TABLE DE SOUSTRACTION.

De 1 ôtez 0, il reste 1
— 1 — 1, — 0

De 2 ôtez 0, il reste 2
— 2 — 1, — 1
— 2 — 2, — 0

De 3 ôtez 0, il reste 3
— 3 — 1, — 2
— 3 — 2, — 1
— 3 — 3, — 0

De 4 ôtez 0, il reste 4
— 4 — 1, — 3
— 4 — 2, — 2
— 4 — 3, — 1
— 4 — 4, — 0

De 5 ôtez 0, il reste 5
— 5 — 1, — 4
— 5 — 2, — 3
— 5 — 3, — 2
— 5 — 4, — 1
— 5 — 5, — 0

De 6 ôtez 0, il reste 6
— 6 — 1, — 5
— 6 — 2, — 4
— 6 — 3, — 3
— 6 — 4, — 2
— 6 — 5, — 1
— 6 — 6, — 0

De 7 ôtez 0, il reste 7
— 7 — 1, — 6
— 7 — 2, — 5
— 7 — 3, — 4
— 7 — 5, — 2
— 7 — 6, — 1
— 7 — 7, — 0

De 8 ôtez 0, il reste 8
— 8 — 1, — 7
— 8 — 2, — 6
— 8 — 3, — 5
— 8 — 4, — 4
— 8 — 5, — 3
— 8 — 6, — 2
— 8 — 7, — 1
— 8 — 8, — 0

De 9 ôtez 0, il reste 9
— 9 — 1, — 8
— 9 — 2, — 7
— 9 — 3, — 6
— 9 — 4, — 5
— 9 — 5, — 4
— 9 — 6, — 3
— 9 — 7, — 2
— 9 — 8, — 1
— 9 — 9, — 0

1.

De 10 ôtez 0, il reste 10
— 10 — 1,   —   9
— 10 — 2,   —   8
— 10 — 3,   —   7
— 10 — 4,   —   6
— 10 — 5,   —   5
— 10 — 6,   —   4
— 10 — 7,   —   3
— 10 — 8,   —   2
— 10 — 9,   —   1

De 11 ôtez 0, il reste 11
— 11 — 1,   —   10
— 11 — 2,   —   9
— 11 — 3,   —   8
— 11 — 4,   —   7
— 11 — 5,   —   6
— 11 — 6,   —   5
— 11 — 7,   —   4
— 11 — 8,   —   3
— 11 — 9,   —   2

De 12 ôtez 0, il reste 12
— 12 — 1,   —   11
— 12 — 2,   —   10
— 12 — 3,   —   9
— 12 — 4,   —   8
— 12 — 5,   —   7
— 12 — 6,   —   6
— 12 — 7,   —   5
— 12 — 8,   —   4
— 12 — 9,   —   3

De 13 ôtez 0, il reste 13
— 13 — 1,   —   12
— 13 — 2,   —   11
— 13 — 3,   —   10
— 13 — 4,   —   9
— 13 — 5,   —   8
— 13 — 6,   —   7
— 13 — 7,   —   6
— 13 — 8,   —   5
— 13 — 9,   —   4

De 14 ôtez 0, il reste 14
— 14 — 1,   —   13
— 14 — 2,   —   12
— 14 — 3,   —   11
— 14 — 4,   —   10
— 14 — 5,   —   9
— 14 — 6,   —   8
— 14 — 7,   —   7
— 14 — 8,   —   6
— 14 — 9,   —   5

De 15 ôtez 0, il reste 15
— 15 — 1,   —   14
— 15 — 2,   —   13
— 15 — 3,   —   12
— 15 — 4,   —   11
— 15 — 5,   —   10
— 15 — 6,   —   9
— 15 — 7,   —   8
— 15 — 8,   —   7
— 15 — 9,   —   6

65. 1° 111   2° 210   3° 732
     11   211   123
    200   142   210
    15   3   611
    104   66   221
    10   170   912

66. 1° 120   2° 2 114
    2 031   7 150
    4 013   1 130
    1 002   1 111
    2 201   10
    2 114   110

3°	4°	5°	6°
63 282	332 101	210 100	200 110
78 100	471 117	941 010	610 100
91 010	604 002	840 012	110 111
71 002	711 314	1 015	403 112
41 810	900 000	310 010	111 111
10 030	400 000	102 102	212 411

7°	8°	9°	10°
339	1 170 022	11 311	1 511 162
1 111 351	2 121 130	1 011 300	4 611 221
1 007 010	1 110 011	1 111 111	5 054 322
1 110 118	1 112 115	3 600 017	1 050 963
2 344 111	800 500	1 111 101	2 113 016
7 004 001	1 312 010	1 015 106	398 159

11°	12°	13°	14°
10 012 001	23 133 553	300 565	31 241 502
1 206 532	40 001 643	19 421 421	43 110 402
10 011 015	33 002 513	27 571 204	41 732 411
11 021 010	76 210 415	52 151 114	12 211 301
13 411 311	11 020 104	17 052 147	45 205 514
10 010 005	64 730 912	21 151 012	71 121 225

67.

1°	2°	3°	4°
38 812 820	4 511 259	577 626 125	736 669
10 602 731	877 769	688 365 266	343 701
528 547	767 955	412 863 152	465 835
17 052 954	1 864 426	177 644 584	570 110
43 689 741	1 766 918	831 855 568	613 954
17 804 745	6 778 521	826 062 891	806 799

5°	6°	7°	8°
8 385 239 154	5 612 309	11 149 951 733	739 548
1 376 358 783	7 009 916	18 599 949 874	817 660
2 921 956 968	7 850 991	16 656 743 272	647 863
57 698 708	9 368 636	906 358 724	52 266
1 771 828 602	674 410	29 530 391 208	860 154
4 190 676 140	7 939 071	50 504 595	813 532

PROBLÈMES

SUR LA SOUSTRACTION DES NOMBRES ENTIERS.

68. 1 630 ans.

69. 56 ans, 5 mois, 1 jour ; 57 ans.

70. 27 000 000 ; 30 930 000 ; 3 930 000.

71. 27 francs.

72. 1 350 francs.

73. 4 500 kilomètres.

74. 384 francs.

75. 3 kilogrammes.

76. 186 967 individus.

77. L'an 20 de Jésus-Christ.

78. La série décroissante des hauteurs est : 8 588, 6 530 4 810, 3 710. Les différences entre le premier nombre 8 588 et les trois suivants, sont : 2 058, 3 778, 4 878. Les différences entre le deuxième 6 530 et les deux derniers, sont : 1 720 et 2 820. La différence entre le troisième et le quatrième est 1 100.

79. Le thermomètre a varié de 13 degrés, de 6 heures du matin à midi ; de 8 degrés, de midi à 6 heures du soir.

80. Le premier accroissement a été de 2 107 354 habitants ; le deuxième, de 1 660 949 ; le troisième, de 1 551 643.

81. 43 685 francs.

82. 755 litres.

83. 2 405 pommes.

84. 106 ans.

85. A l'année 1099.

86. Le premier chant, 232 vers ; le deuxième, 204 ; le troisième, 428 ; le quatrième, 236.

87. 1 165 630 928 lieues.

88. 232 939 320 francs.

89. 52 650 francs.

90. 562 ans jusqu'à 1861.

91. A 1830.

92. De 1 395 400 francs

93. 48 ans.

94. Les différences de hauteur entre le passage du Saint-Bernard et les trois autres, sont : 416 mètres, 425 mètres, et 486 mètres.

Les différences de hauteur entre le passage du Saint-Gothard et les deux suivants, sont de 9 mètres et de 70 mètres.

Le troisième passage surpasse le quatrième en élévation de 61 mètres.

95. 351 189 habitants.

96. 125 000 000 de francs.

97. 1 777 sacs.

98. 149 455 habitants.

99. 35 648 âmes.

100. 89 125 hommes.

101. 769 mètres.

102. 30 000 000 de lettres.

103. 10 hommes ; 54 chevaux.

104. La batterie à pied contient, sur le pied de paix, 96 hommes et 32 chevaux ; la batterie à cheval, 96 hommes et 71 chevaux.

ADDITION ET SOUSTRACTION

DES NOMBRES ENTIERS.

105.	1°	2°	3°	**106.**	1°	2°	3°
	6	7	0		6	12	29
	6	6	1		10	5	59
	14	9	1		27	5	77
	1	1	6		16	30	32
	0	6	5		31	54	23
	8	3	20		44	57	37
	9	4	5		39	16	10
	0	0	12		33	48	17

107. 1° 2 / 2° 9   **108.** 1° 15 / 2° 88

107.	1°	2°	**108.**	1°	2°
	2	9		15	88
	12	34		561	154
	0	0		308	239
	7	10		346	319
	14	10		541	509
	6	55		749	506
	6	30		399	661
	9	12		545	365

109.	1°	2°	**110.**	1°	2°
	951	22		1 067	150
	198	153		187	362
	406	211		91	276
	200	452		240	0
	571	761		436	253
	1 378	216		727	309
	153	22		641	269
	1 593	216		114	182

111.	**112.**
3 721	13 166
5 665	1 903
3 295	638
4 184	1 844
4 647	5 500
2 893	8 986
1 047	7 011
6 690	4 803

113.

	12 986
	2 032
	453 991
	65 814
	20 989
	734 573
	13 198 727
	27 065 479 497

PROBLÈMES

SUR L'ADDITION ET LA SOUSTRACTION DES NOMBRES ENTIERS.

114. 38 francs.

115. Zurich, 15,000 habitants; Berne, 22 000; Lucerne, 8 000.

116. 17 649 francs.

117. 10 080 boutures ont pris racine.

118. 154 francs.

119. 2 174 francs.

120. La perte est de 9 128 francs.

121. 102 francs.

122. 2 150 francs de gain.

123. Son bénéfice total est de 552 francs; sur le 1er lot, 130 fr.; sur le 2e, 155 fr.; sur le 3e, 267 fr.

124. 20 litres d'eau.

125. 2 700 kilomètres.

126. Il a augmenté son domaine de 88 arpents.

127. 22 725 francs.

128. Alexandre est né en 356 av. J. C. Il a franchi le Granique en 334, a remporté la bataille d'Arbelles en 331, a mis fin à l'empire des Perses en 330, et est mort en 324.

129. 1° 1 385 feuilles; 2° 2 141 feuilles.

130. 5 495 bottes de foin.

131. 480 sacs.

132. 43 807 francs.

133. Perte de la 1re année, 14 875 fr.; de la 2e année, 13 638 fr.; de la 3e, 11 666 fr.; de la 4e, 9 351 fr. Perte totale, 49 530 fr.

134. 23 165 francs.

135. 72 345 hommes.

MULTIPLICATION DES NOMBRES ENTIERS.

TABLES DE MULTIPLICATION.

186. *Première disposition.*

1 fois 0 fait 0	4 fois 0 font 0	7 fois 0 font 6
1 — 1 — 1	4 — 1 — 4	7 — 1 — 7
1 — 2 — 2	4 — 2 — 8	7 — 2 — 14
1 — 3 — 3	4 — 3 — 12	7 — 3 — 21
1 — 4 — 4	4 — 4 — 16	7 — 4 — 28
1 — 5 — 5	4 — 5 — 20	7 — 5 — 35
1 — 6 — 6	4 — 6 — 24	7 — 6 — 42
1 — 7 — 7	4 — 7 — 28	7 — 7 — 49
1 — 8 — 8	4 — 8 — 32	7 — 8 — 56
1 — 9 — 9	4 — 9 — 36	7 — 9 — 63
2 fois 0 font 0	5 fois 0 font 0	8 fois 0 font 0
2 — 1 — 2	5 — 1 — 5	8 — 1 — 8
2 — 2 — 4	5 — 2 — 10	8 — 2 — 16
2 — 3 — 6	5 — 3 — 15	8 — 3 — 24
2 — 4 — 8	5 — 4 — 20	8 — 4 — 32
2 — 5 — 10	5 — 5 — 25	8 — 5 — 40
2 — 6 — 12	5 — 6 — 30	8 — 6 — 48
2 — 7 — 14	5 — 7 — 35	8 — 7 — 56
2 — 8 — 16	5 — 8 — 40	8 — 8 — 64
2 — 9 — 18	5 — 9 — 45	8 — 9 — 72
3 fois 0 font 0	6 fois 0 font 0	9 fois 0 font 0
3 — 1 — 3	6 — 1 — 6	9 — 1 — 9
3 — 2 — 6	6 — 2 — 12	9 — 2 — 18
3 — 3 — 9	6 — 3 — 18	9 — 3 — 27
3 — 4 — 12	6 — 4 — 24	9 — 4 — 36
3 — 5 — 15	6 — 5 — 30	9 — 5 — 45
3 — 6 — 18	6 — 6 — 36	9 — 6 — 54
3 — 7 — 21	6 — 7 — 42	9 — 7 — 63
3 — 8 — 24	6 — 8 — 48	9 — 8 — 72
3 — 9 — 27	6 — 9 — 54	9 — 9 — 81

Seconde disposition.

1	2	3	4	5	6	7	8	9
2	4	6	8	10	12	14	16	18
3	6	9	12	15	18	21	24	27
4	8	12	16	20	24	28	32	36
5	10	15	20	25	30	35	40	45
6	12	18	24	30	36	42	48	54
7	14	21	28	35	42	49	56	63
8	16	24	32	40	48	56	64	72
9	18	27	36	45	54	63	72	81

137.

1°	2°	3°	4°
21	20	1 638	6 642
40	81	5 415	4 188
36	30	383 425	55 272
42	36	29 512	26 277
64	16	89 991	6 974 648
27	9	4 906 755	84 651 363
24	35	5 301 618	275 274 324
0	64	19 112 550	25 396 348

138.

1°	2°	3°	4°	5°	6°
189	68	632	576	462	570
152	171	235	230	172	469
294	666	272	196	60	396
171	602	259	150	512	292
468	150	881	174	595	312
420	297	84	426	290	160
261	752	228	180	819	207
144	350	182	352	51	75

139.

1°	2°	3°	4°	5°	6°
303	2460	1584	1776	2220	7371
1520	1414	831	1730	1238	3270
4942	2880	3808	1545	5600	3808
8153	2592	1464	2592	4293	1232
680	5337	2295	750	2280	3175
2260	2304	6075	4221	2184	2385
7416	4158	6363	5691	1495	274
2944	2935	3256	5402	1480	8100

140.

1°	2°	3°	4°	5°	6°
34520	27256	19480	9976	14127	51200
26145	22488	57366	18825	15620	51548
19044	12780	39245	17256	31720	52290
10832	11700	50310	29984	57904	15920
38943	68800	24360	14091	39011	32740
50850	51023	19350	42462	44433	22167
19208	27400	22904	63720	5286	83241
42035	26856	5868	17098	51198	8752

141.

1°	2°	3°
38140	63240	197179
31716	99437	190922
96526	158175	489280
97000	62900	507702
130455	104176	307956
468000	119425	167523
779100	88356	228060
349848	374143	655900

4°	5°	6°
132552	121125	428260
193998	71400	229970
289445	81452	506788
644072	136592	525897
533975	48685	224964
268128	111408	192632
216684	120726	306472
488106	111935	503503

142. 1° 841 900   2° 6 332 040   3° 3 637 760

841 900	6 332 040	3 637 760
3 878 010	816 000	225 630
4 152 512	2 422 936	2 332 914
2 724 204	3 024 725	3 416 903
1 554 965	4 581 292	5 108 866
3 763 086	4 264 200	482 900
693 560	7 669 626	947 829
3 096 240	6 979 176	4 855 390

143.

1°	2°	3°	4°
67 428 000	248 980 900	100 000 000	2 535 851 367
143 899 275	351 802 344	2 233 742 406	2 469 045 722
99 128 252	62 386 200	3 591 274 986	5 154 584 519
367 354 960	212 992 899	5 092 038 050	3 487 493 688
380 332 500	10 000 000	1 614 325 500	7 002 952 000
254 836 608	162 000 000	1 817 285 328	5 757 910 160
396 295 120	676 594 469	2 635 334 856	847 102 656
187 923 395	343 914 208	5 720 736 130	1 804 803 921

144.

1°	2°
35 642 700 000	223 351 557 036
152 761 466 655	303 652 403 805
244 229 534 480	333 229 619 000
547 251 614 110	441 452 665 335
697 329 356 004	362 044 487 826
25 086 419 435	355 498 147 200
233 621 689 500	254 917 847 535
625 003 972 252	592 112 078 336

145.

1°	2°
504	5 040
648	5 184
588	504
160	5 184
360	1 152
1 080	2 520
112	1 296
2 401	2 880

146.

1°	2°
699 840	1 357 200
804 384	156 270
1 834 560	1 175 328
269 568	32 959 500
6 096 960	13 788 300
14 400	1 110 900
2 160 000	1 612 416
2 527 200	290 400

147. 1°   809 701 200
2 391 984 000
865 972 800
4 358 417 220
884 487 040
508 524 844
2 653 408 800
986 013 000

2° 2 873 922 480
2 531 540 000
226 652 580
12 438 449 100
560 000 000
96 024 816
8 016 000
998 048 700

PROBLÈMES

SUR LA MULTIPLICATION DES NOMBRES ENTIERS.

148. 1 372 fleurs.

149. 42 523 minutes.

150. 1 502 592 lettres.

151. 1° 235 fr. ; 2° 828 f.

152. 184 680 kilogr.

153. La douzaine coûtera 2 136 fr. ; la grosse (144 objets), 25 632 fr. ; le cent, 17 800 fr. ; le mille. 178 000 f.

154. 5 783 042 francs.

155. 10 283 070 francs.

156. 38 700 fr. ; et 17 415 francs.

157. 8 722 arbres.

158. 44 712 435 francs.

159. 552 750 lignes.

160. 774 500 feuilles.

161. 533 062 kilog.

162. 21 066 875 morceaux de bois.

163. 673 225 jours.

164. 327 040 francs.

165. 2 406 250 francs.

166. 197 625 kilog.

167. 13 854 527.

168. 8 092 francs.

169. En comptant les années de 365 jours, on trouve que 498 ans contiennent : 181 770 jours ; 4 090 620 heures ; 65 437 200 minutes ; 3 926 232 000 secondes.

170. 6 307 200 minutes.

171. 121 176 francs.

172. 29 376 000 mètres.

173. 183 000 kilog.

174. 10 368 lignes.

175. 133 675 francs.

176. 68 600 000 fois.

177. 312 francs.

178. 2 470 francs.

179. 88 761 secondes.

180. 4 311 francs.

181. 216 francs.

182. 3 973 francs.

183. 91 francs.

184. 443 352 francs.

185. 108 francs.

186 1 093 oranges.

187. 5 185 francs.

188. 576 francs.

189. 741 gerbes.

190.

	fr.
Acheté 214 k. à 4 f. ci.	856
112 k. à 5 f. ci.	560
Total.....	1 416
Vendu 260 k. à 5 f. ci.	1 300
66 k. à 3 f. ci.	198
Total.....	1 498
Déduisant le prix de l'achat...........	1 416
Bénéfice.........	82

191. Le bénéfice est de 1 415 fr.

192. 144 500 mètres.

193. 74 838 francs.

194. 15 504 francs.

195. Il mettra 441 minutes, et gagnera 196 minutes.

196. 260 francs.

197. 4 186 francs.

198. 58 455 francs.

DIVISION DES NOMBRES ENTIERS.

199. TABLE DE DIVISION.

En	combien de fois, il y est ... fois	En	combien de fois, il y est ... fois
En 1	combien de fois 1, il y est 1 fois	En 3	combien de fois 3, il y est 1 fois
— 2	— 1 — 2 —	— 6	— 3 — 2 —
— 2	— 2 — 1 —	— 9	— 3 — 3 —
— 4	— 2 — 2 —	—12	— 3 — 4 —
— 6	— 2 — 3 —	—15	— 3 — 5 —
— 8	— 2 — 4 —	—18	— 3 — 6 —
—10	— 2 — 5 —	—21	— 3 — 7 —
—12	— 2 — 6 —	—24	— 3 — 8 —
—14	— 2 — 7 —	—27	— 3 — 9 —
—16	— 2 — 8 —		
—18	— 2 — 9 —		

En 4 combien de fois 4, il y est 1 fois   En 5 combien de fois 5, il y est 1 fois
— 8   —   4   —   2—   —10   —   5   —   2—
—12   —   4   —   3—   —15   —   5   —   3—
—16   —   4   —   4—   —20   —   5   —   4—
—20   —   4   —   5—   —25   —   5   —   5—
—24   —   4   —   6—   —30   —   5   —   6—
—28   —   4   —   7—   —35   —   5   —   7—
—32   —   4   —   8—   —40   —   5   —   8—
—36   —   4   —   9—   —45   —   5   —   9—

En 6 combien de fois 6, il y est 1 fois   En 7 combien de fois 7, il y est 1 fois
—12   —   6   —   2—   —14   —   7   —   2—
—18   —   6   —   3—   —21   —   7   —   3—
—24   —   6   —   4—   —28   —   7   —   4—
—30   —   6   —   5—   —35   —   7   —   5—
—36   —   6   —   6—   —42   —   7   —   6—
—42   —   6   —   7—   —49   —   7   —   7—
—48   —   6   —   8—   —56   —   7   —   8—
—54   —   6   —   9—   —63   —   7   —   9—

En 8 combien de fois 8, il y est 1 fois   En 9 combien de fois 9, il y est 1 fois
—16   —   8   —   2—   —18   —   9   —   2—
—24   —   8   —   3—   —27   —   9   —   3—
—32   —   8   —   4—   —36   —   9   —   4—
—40   —   8   —   5—   —45   —   9   —   5—
—48   —   8   —   6—   —54   —   9   —   6—
—56   —   8   —   7—   —63   —   9   —   7—
—64   —   8   —   8—   —72   —   9   —   8—
—72   —   8   —   9—   —81   —   9   —   9—

260. AUTRE TABLE DE DIVISION.

En 2 combien de fois 1
— 4 — 2
— 6 — 3
— 8 — 4
—10 — 5 } il y est 2 fois
—12 — 6
—14 — 7
—16 — 8
—18 — 9

En 3 combien de fois 1
— 6 — 2
— 9 — 3
—12 — 4
—15 — 5 } il y est 3 fois
—18 — 6
—21 — 7
—24 — 8
—27 — 9

En 4 combien de fois 1
— 8 — 2
—12 — 3
—16 — 4
—20 — 5 } il y est 4 fois
—24 — 6
—28 — 7
—32 — 8
—36 — 9

En 5 combien de fois 1
—10 — 2
—15 — 3
—20 — 4
—25 — 5 } il y est 5 fois
—30 — 6
—35 — 7
—40 — 8
—45 — 9

En 6 combien de fois 1
—12 — 2
—18 — 3
—24 — 4
—30 — 5 } il y est 6 fois
—36 — 6
—42 — 7
—48 — 8
—54 — 9

En 7 combien de fois 1
—14 — 2
—21 — 3
—28 — 4
—35 — 5 } il y est 7 fois
—42 — 6
—49 — 7
—56 — 8
—63 — 9

En 8 combien de fois 1
—16 — 2
—24 — 3
—32 — 4
—40 — 5 } il y est 8 fois
—48 — 6
—56 — 7
—64 — 8
—72 — 9

En 9 combien de fois 1
—18 — 2
—27 — 3
—36 — 4
—45 — 5 } il y est 9 fois
—54 — 6
—63 — 7
—72 — 8
—81 — 9

201. 17... 8, reste 1... 5, r. 2... 4, r. 1... 3, r. 2...
2, r. 5... 2, r. 3... 2, r. 1... 1, r. 8.

35... 17, r. 1... 11, r. 2... 8, r. 3...7... 4, r. 3...
3, r. 8.

72... 36... 24... 18... 14, r. 2... 12... 10, r. 2...
9... 8.

81... 40 r, 1... 27... 20, r. 1... 16, r. 1... 13,
r. 3... 11, r. 4... 10, r. 1... 9.

56... 28... 18, r. 2... 14... 11, r. 1... 9, r. 2...
8... 7... 6, r. 2.

75... 37, r. 1... 25... 18, r. 3... 15... 12, r. 3...
10, r. 5... 9, r. 3... 8, r. 3.

48... 24... 16... 12... 9, r. 3... 8... 6, r. 6... 6...
5, r. 3.

18... 9... 6... 4, r. 2... 3, r. 3... 3... 2, r. 4... 2,
r. 2... 2.

50... 25... 16, r. 2... 12, r. 2... 10... 8, r. 2... 7,
r. 1... 6, r. 2... 5, r. 5.

44... 22... 14, r. 2... 11... 8, r. 4... 7, r. 2...
6, r. 2... 5, r. 4... 4, r. 8.

66... 33... 22... 16, r. 2... 13, r. 1... 11... 9 r. 3...
8, r. 2... 7 r. 3.

39... 19, r. 1... 13... 9 r. 3... 7, r. 4... 6, r. 3...
5, r. 4... 4, r. 7... 4 r. 3.

41... 20 r. 1... 13, r. 2... 10 r. 1... 8, r. 1...
6, r. 5... 5, r. 6... 5, r. 1... 4, r. 5.

29... 14, r, 1... 9, r. 2... 7, r. 1... 5, r. 4...
4, r. 5... 4, r. 1... 3, r. 5... 3, r. 2.

33... 16, r. 1... 11... 8, r. 1... 6, r. 3... 5, r. 3...
4, r. 5... 4, r. 1... 3, r. 6.

58... 29... 19 r. 1... 14, r. 2... 11, r. 3... 9, r. 4...
8, r. 2... 7, r. 2... 6, r. 4.

70... 35... 23 r. 1... 17, r. 2... 14... 11, r. 4...
10... 8, r. 6... 7, r. 7.

79... 39, r. 1... 26, r. 1... 19, r. 3... 15, r. 4...
13, r. 1... 11, r. 2... 9, r. 7... 8, r. 7.

62... 31... 20, r. 2... 15, r. 2... 12, r. 2... 10, r. 2...
8, r. 6... 7, r. 6... 6, r. 8.

15... 7, r. 1... 5... 3, r. 3... 3... 2, r. 3...
2, r. 1... 1, r. 7... 1, r. 6.

24... 12... 8... 6... 4, r. 4... 4... 3, r. 3... 3...
2, r. 6.

14... 7... 4, r. 2... 3, r. 2... 2, r. 4... 2, r. 2...
2... 1, r. 6... 1, r. 5.

26... 13... 8, r. 2... 6, r. 2... 5, r. 1... 4, r. 2...
3, r. 5... 3, r. 2... 2, r. 8.

38... 19... 12, r. 2... 9, r. 2... 7, r. 3... 6, r. 2...
5, r. 3... 4, r. 6... 4, r. 2.

46... 23... 15, r. 1... 11, r. 2... 9, r. 1... 7, r. 4...
6, r. 4... 5, r. 6... 5, r. 1.

21... 10, r. 1... 7... 5, r. 1... 4, r. 1... 3, r. 3...
3... 2, r. 5... 2, r. 3.

80... 40... 26, r. 2... 20... 16... 13, r. 2...
11, r. 3... 10... 8, r. 8.

74... 37... 24, r. 2... 18, r. 2... 14, r. 4...
12, r. 2... 10, r. 4... 9, r. 2... 8, r. 2.

68... 34... 22, r. 2... 17... 13, r. 3... 11, r. 2...
9, r. 5... 8, r. 4... 7, r. 5.

55... 27, r. 1... 18, r. 1... 13, r. 3... 11... 9, r. 1...
7, r. 6... 6, r. 7... 6, r. 1.

10... 5... 3, r. 1... 2, r. 2... 2... 1, r. 4...
1, r. 3... 1, r. 2... 1, r. 1.

202.

	1°	2°	3°	4°
	5	4	10	18
	4	9	12	23
	5	6	25	34
	6	8	20	66
	7	9	13	58
	8	6	37	9
	5	7	15	8
	14	9	27	90

203.

	1°	2°	3°	4°
	53	33	73	28
(*)	45	56	70	43
	80	69	61	34
	32	63	60	55
	43	57	59	70
	74	68	90	61

(*) Dans la PARTIE DE L'ÉLÈVE, n° **203.** au lieu de 3504, *lisez* 3604; au lieu de 3800, *lisez* 2800; au lieu de 2544, *lisez* 2537.

204.

1°	2°
9538	9009709
8304	73895080
7365	47039605
8739	70046005
9748	10506070
6789	87073649
80073	497300558
57839	38502846

205.

1°	2°
639	7039406
8078	8300588
450085	950073800
4539	4007
87630	6548
800670	3800591
4360782	777835

206.

1°	2°	3°	4°
8540	8900	645305	85324
6743	4815	425346	370481
4630	7500	432522	345363
6489	8253460	403657	8005711
4308	5840532	327000	639004
8115	3054892	6530000	48700

207.

1°	2°	3°
87, r. 2	1620, r. 3	815, r. 7
92, r. 4	1610, r. 2	803, r. 3
89, r. 1	480, r. 7	404, r. 6
203, r. 2	817, r. 3	864, r. 2
29, r. 1	703, r. 3	782, r. 3
421, r. 1	712, r. 1	903, r. 5
79, r. 2	911, r. 1	1365, r. 1
44, r. 5	907, r. 4	2846, r. 2

208.

1°	2°	3°
4212, r. 1	5315, r. 4	6302, r. 2
8514, r. 3	7304, r. 5	8259, r. 1
5217, r. 10	4825, r. 9	6039, r. 11
7407, r. 50	3116, r. 100	3879, r. 55
8534, r. 9	4832, r. 1	6009, r. 15
2645, r. 4	3454, r. 19	4856, r. 9

4° 6 230, r.   8   5° 9 534, r. 21   6° 8 217, r. 40
   6 239, r. 21   8 205, r. 11   8 214, r. 83
  64 350, r. 13   78 164, r. 23   60 804, r. 12
  49 325, r.   4   34 560, r. 35   91 715, r.   5
  85 324, r. 19   27 632, r.   2   30 089, r. 13
  80 539, r. 17   74 038, r. 39   43 215, r. 14

209. 1° 40 368   2°   7 842, r. 40 325
      12 172, r. 33 260   853 491
      26 989, r. 10 610   8 415
       6 234   758, r. 3 200
     734 802   581 511
      24 521   603 481

   3° 21 552, r. 7 655   4° 71 691, r. 57 540
     832 485   659 032
    4 653 401   122 362, r. 18 640
    6 480 000   843 123
      305 045, r. 15 424   8 539
       18 734   50 215, r. 5 550

   5° 89 432   6° 479 182
      456 789   182 600, r. 2 648
        8 958, r. 35 560   3 589
      813 247   432 105
      569 321   109 908, r. 29 717
       76 717, r. 59 125   2 157

   7° 4 371   8° 16 076, r. 12 475
      2 310   5 048, r. 22 701
      4 904, r. 442   2 548
      4 325   7 523
     14 652, r. 21 576   89 483
     27 305   495 278, r. 2 910

PROBLÈMES

SUR LA DIVISION DES NOMBRES ENTIERS.

210. 859 hommes.

211. 4 823 mètres environ.

212. 540 roses dans le premier cas, et 90 dans le second.

213. 3 415.

214. 1 110 litres.

215. 18 francs.

216. 419 062 habitants par département; 99 281 habitants par arrondissement; 12 645 habitants par canton; 993 habitants par commune. Chaque division donne un reste.

217. Elle est de 65 kilomètres par heure.

218. 139 carreaux.

219. 309 francs.

220. 255 mètres cubes.

221. 5 453 fois.

222. Le nombre proposé contient la plus petite partie *plus* 825 fois cette partie. On la trouvera donc en divisant 362 614 par 826.

Les deux parties demandées sont : 439 et 362 175.

223. 235 secondes, ou 3 minutes, 55 secondes.

224. 485 secondes environ, ou 8 minutes et 5 secondes.

225. 4 390 litres.

226. 4 francs.

227. 195 stères.

228. Chaque carreau revient à 4 francs et chaque glace à 16 francs.

229. La pièce revient à 684 francs, et le litre à 3 francs.

230. 64 rations.

231. Chacun des petits enfants aura 25 470 francs, et chacun des cousins 76 440 francs.

232. 432 mètres par jour, et 18 mètres par heure en moyenne.

PROBLÈMES

233. Mon bénéfice total est de 4 725 francs ; mon bénéfice sur chaque arbre est de 7 francs ; chaque arbre m'a rapporté un franc par an.

234. Elle retardera en 15 jours ou 360 heures, de 6 120 secondes, ou 102 minutes.

235. 204 tours par minute.

236. La première reçoit....................... 855 fr.
La deuxième........................... 2 565
La troisième........................... 3 420
_____
La rétribution totale est de........ 6 840 fr.

237. Le quart de la pièce étant vendu 171 851 francs, la pièce entière vaudrait 687 404 francs. Retranchant de ce nombre le bénéfice de 3 francs par are, c'est-à-dire 47 964 fr., on obtiendra le prix d'achat cherché, qui est de 639 440 fr.

238. L'épervier n'était plus qu'à 35 mètres de sa proie, et il l'aurait saisie une minute après.

239. 14 francs.

240. 1 295 francs.

241. La part d'une personne étant de 300 francs, on aura :

Pour la première famille.................... 1 200 fr.
Pour la deuxième........................... 1 500
Pour la troisième........................... 1 800
_____
Somme à partager..................... 4 500 fr.

242. 18 feuilles, plus 10 pages ; 298 pages ; 11 026 lignes.

243. Les vivres dureraient pour un seul homme 5 115 fois 20 jours, ou 102 300 jours ; ils dureraient pour 8 525 hommes, 8 525 fois moins que pour un seul homme, c'est-à-dire 12 jours.

244. Les secondes dispositions retranchent 3 000 francs à chaque enfant, pour former 18 000 francs. Il y a donc six enfants. Le montant de la succession est de 75 000 fr.

245. 468 exemplaires.

246. 720 exemplaires.

247. 10 920 bottes de foin.

248. Le premier aura 15 834 francs 47 , et le second 35 473 fr., 52.

249. Chaque bergerie contient 135 moutons.

250. Le plus grand des nombres cherchés égale le plus petit nombre, *plus* leur différence. Leur somme égale donc deux fois le plus petit nombre, *plus* leur différence. Il est clair alors que, dans ce cas et dans tous les cas semblables, il faut retrancher la différence de la somme donnée, et prendre la moitié du résultat pour obtenir le plus petit nombre.

De la somme..........................	4 646 979
Ôtez la différence.....................	4 529 013
Prenez la moitié de....................	117 966
Le plus petit nombre est..............	58 983
Ajoutez la différence..................	4 529 013
Le plus grand nombre est.............	4 587 996

251. Multiplier un nombre par 12, c'est lui ajouter 11 fois sa valeur. Or, 11 fois la valeur du nombre demandé est 96 030 ; donc ce nombre demandé est 8 730.

252. Pour un pain de sucre de chaque qualité, on payera 9 fr. $+$ 10 fr. $+$ 12 fr., en tout 31 fr. Si, pour 31 fr. on a un pain de chaque qualité, pour 1 240 fr., on en aura $\frac{1240}{31}$, c'est-à-dire 40.

253. 16 francs.

254. 60.

255. En donnant 18 fr. par jour, on aurait fait une dépense de $35 \times 154 \times 18 = 97\,020$ fr.

Retranchant de cette somme 16 170, on aura la somme allouée réellement, qui est de 80 850 fr. Divisant par 5 390, nombre des journées, on verra que chaque journée est payée 15 fr. Chaque copiste touchera, pour ses 154 journées, 2 310 francs.

255. 300 minutes ou 5 heures.

256. *bis.* 7 heures moins 16 minutes.

257. Il lui restera 540 fr. — Il mettra 10 jours.

258. L'héritage des filles valant 10 parts de garçon, on obtiendra la part d'un garçon en divisant 52 650 par 16.

```
Portion des cinq filles............   32 906 fr. 25 c.
   —      six garçons..........   19 743    75
                      Total.......   52 650 fr. 00 c.
```

259. 13 110 habitants.

CARACTÈRES DE DIVISIBILITÉ DES NOMBRES.

260. 1° Un nombre est *premier* quand il n'a pas d'autre diviseur exact que lui-même et l'unité.

Des nombres sont *premiers entre eux* quand ils n'ont pas d'autre diviseur commun que l'unité.

2° Un nombre est divisible par 3 quand la somme de ses chiffres est divisible par 3;

— Par 6, quand il est divisible par 2 et par 3;

— Par 9, quand la somme de ses chiffres est égale à 9 ou à un multiple de 9;

— Par 2, quand il est pair;

— Par 10, quand il est terminé par un zéro;

— Par 5, quand il est terminé par 5 ou par zéro;

— Par 4, lorsque ses deux premiers chiffres de droite forment un nombre divisible par 4;

— Par 11, quand la différence entre la somme des chiffres de rang impair et la somme des chiffres de rang pair est égale à 0, à 11 ou à un multiple de 11.

— Par 8, quand les trois derniers chiffres de droite forment un nombre divisible par 8.

261. 1º Divisible par 3, quotient 157 735 ; par 5 , quotient 94 641 ;

Divisible par 3, quotient 127 358 ;
Divisible par 3, quotient 307 667 ;
Divisible par 3, quotient 801 780 ; par 9, quotient 267 260 ; par 5, quotient 481 068.

2º Divisible ni par 3, ni par 9, ni par 5 ;
Idem ;
Divisible par 3, quotient 2 448 755 ; par 5, q. 1 469 253 ;
Divisible par 3, quotient 13 411 682.

3º Divisible par 3, quotient 2 066 817 ; p. 9, q. 688 939 ;
Divisible par 3, quotient 1 214 340 ; par 9, q. 404 780 ; par 5, q. 728 604 ;
Divisible ni par 3, ni par 9, ni par 5 ;
Divisible par 3, q. 6 806 015 ; p. 5, q. 4 083 609.

262. 1º Non divisible.　　2º Divisible.　　3º Divisible.
　　Id.　　　　　　　Non divisible.　　　　*Id.*
　Divisible.　　　　　　Divisible.　　　　　*Id.*
　　Id.　　　　　　　Divisible.　　　　　*Id.*

263. Divisible par 2, 4, 10 ; divisible par 2, 4, 8 ; divisible par 2, 4, 6, 8 ; divisible par 2, 4, 6, 8, 10 ; divisible par 2, 4, 6, 8, 10 ; divisible par 2, 4, 8 ; divisible par 2, 4, 8, 10 ; divisible par 2, 6 ; divisible par 2, 4, 6, 10.

264. Divisible par 18, quotient 13 ;
Divisible par 36, quotient 19 ;
Divisible par 55, quotient 9 ;
Divisible par 24, quotient 11 ;
Divisible par 30, quotient 29.

265.　　$180 = 2 \times 2 \times 3 \times 3 \times 5.$
　　　　　$360 = 2 \times 2 \times 2 \times 3 \times 3 \times 5.$
　　　　　$64 = 2 \times 2 \times 2 \times 2 \times 2 \times 2.$
　　　　　$27 = 3 \times 3 \times 3.$
　　　　　$363 = 3 \times 3 \times 41.$
　　　　　$162 = 2 \times 3 \times 3 \times 3 \times 3.$
　　　　　$375 = 3 \times 5 \times 5 \times 5.$

$$576 = 2 \times 2 \times 2 \times 2 \times 2 \times 2 \times 3 \times 3.$$
$$432 = 2 \times 2 \times 2 \times 2 \times 3 \times 3 \times 3.$$
$$1\,320 = 2 \times 2 \times 2 \times 3 \times 5 \times 11.$$
$$704 = 2 \times 2 \times 2 \times 2 \times 2 \times 2 \times 11.$$
$$1\,331 = 11 \times 11 \times 11.$$
$$1\,089 = 3 \times 3 \times 11 \times 11.$$
$$792 = 2 \times 2 \times 2 \times 3 \times 3 \times 11.$$
$$12\,000 = 2 \times 2 \times 2 \times 2 \times 2 \times 3 \times 5 \times 5 \times 5.$$
$$6\,400 = 2 \times 2 \times 2 \times 2 \times 2 \times 2 \times 2 \times 2 \times 5 \times 5.$$
$$7\,200 = 2 \times 2 \times 2 \times 2 \times 2 \times 3 \times 3 \times 5 \times 5.$$
$$6\,750 = 2 \times 3 \times 3 \times 3 \times 5 \times 5 \times 5.$$
$$924 = 2 \times 2 \times 3 \times 7 \times 11.$$
$$2\,376 = 2 \times 2 \times 2 \times 3 \times 3 \times 3 \times 11.$$
$$800 = 2 \times 2 \times 2 \times 2 \times 2 \times 5 \times 5.$$
$$2\,025 = 3 \times 3 \times 3 \times 3 \times 5 \times 5.$$
$$4\,752 = 2 \times 2 \times 2 \times 2 \times 3 \times 3 \times 3 \times 11.$$

266. 24... 2, 3, 4, 6, 8, 12.

36... 2, 3, 4, 6, 9, 12, 18.

72... 2, 3, 4, 6, 9, 12, 18, 24, 36.

240... 2, 3, 4, 5, 6, 8, 10, 12, 15, 20, 30, 40, 60, 80, 120.

264... 2, 3, 4, 6, 8, 12, 22, 24, 33, 44, 66, 88, 132.

330... 2, 3, 5, 6, 10, 11, 15, 22, 30, 33, 55, 66, 110, 165.

198... 2, 3, 6, 9, 11, 18, 22, 33, 66, 99.

540... 2, 3, 4, 5, 6, 9, 10, 12, 15, 18, 20, 30, 45, 54, 60, 90, 108, 180.

1944... 2, 3, 4, 6, 8, 9, 12, 18, 24, 27, 36, 54, 72, 81, 108, 162, 216, 243, 324, 486, 648, 972.

675... 3, 5, 9, 15, 25, 27, 45, 75, 135, 225.

352... 2, 4, 8, 11, 16, 22, 32, 44, 88, 176.

1728... 2, 3, 4, 6, 8, 9, 12, 16, 18, 24, 27, 32, 36, 48, 54, 64, 72, 96, 108, 144, 192, 216, 288, 432, 576, 864.

825... 3. 5. 11. 15. 25. 33 55. 75, 165, 275.

NOMBRES DÉCIMAUX

NUMÉRATION.

267. Un *dixième*, un *centième*, un *millième*, un *dix-millième*, cinq *cent-millièmes*, deux *unités* trois *centièmes*, quatre *unités* six *millièmes*, sept *unités* neuf *dix-millièmes*, quarante-sept *centièmes*, huit *dixièmes*, une *unité* vingt-huit *millièmes*, seize *unités* seize *dix-millièmes*, deux *unités* quarante-neuf *cent-millièmes*, dix *unités* quatorze *cent millièmes*, quatre cent quinze *unités* huit mille trois *cent-millièmes*, cinquante-quatre *unités* huit mille deux cent seize *millionièmes*, trente *unités* cent mille vingt-cinq *millionièmes*, cinquante-quatre *unités* deux cent cinq mille quatre-vingt-trois *dix-millionièmes*, douze *unités* trois mille cent un *cent-millionièmes*, huit cent trente-deux *millionièmes*, trois mille quatre cent quinze *unités* huit cent trente-six *dix-millièmes*, deux cent vingt-huit *unités*, quarante-quatre *dix-millièmes*, cent unités dix-sept *cent-millièmes*.

268. 1° 0,03... 0,004... 0,8... 0,310... 0,0300... 0,32... 0,028... 0,00105... 0,000069... 0,500... 0,00008... 0,800.

2° 6,000006... 45,0075... 704,95... 5,000008934... 2100,0000959... 15,0000027363.

269. Vingt-huit *dix-millièmes*, quarante-neuf *millièmes*, mille quinze *dix-millièmes*, quatre mille treize *dix millièmes*, cinq mille deux cent quatorze *dix-millièmes*, soixante-dix-neuf *dix millièmes*, huit cent vingt et un *cent millièmes*, cent cinq *millionièmes*, vingt-quatre *unités* sept *millièmes*, trente-six *unités* deux cent onze *dix-millièmes*, quarante-trois *unités* cinq mille trois cent quatre-vingt-onze *cent-millièmes*, huit *unités* six cent soixante-douze *millionièmes*, cent cinquante *unités* quinze *centièmes*, deux cent quatre *unités* trois *dix-millièmes*, quatre cent seize *unités* deux mille six cent trente-quatre *dix-millièmes*, deux *unités* quatre-vingt-sept mille quatre cent trente-trois *cent-millièmes*, six cent soixante-douze *unités* trois cent cinquante-cinq *millièmes*, quatorze *unités* neuf mille quatre cent trente-neuf *millionièmes*, deux cent quatre-vingt-une *unités* soixante mille huit *dix-millionièmes*, cent huit *unités* cent *millionièmes*, cinq cent soixante-deux *unités* sept cent mille quatre *cent-millionièmes*, trente-trois *unités* trois *cent-millièmes*, deux cent soixante-douze *unités* trois billions deux cent cinquante millions soixante-quatre mille deux cent quatre-vingt-deux *dix-billionièmes*, trois *unités* un million quatre cent quinze mille neuf cent vingt-six *dix-millionièmes*.

270. 1° Les millièmes, — les cent-millièmes, — les dix-millionièmes, — les billionièmes, — les centièmes, — les cent-millionièmes, — les dix-millièmes, — les dixièmes, — les millionièmes, — les cent-billionièmes, — les dix-billionièmes.

2° Le deuxième rang, — le quatrième, — le sixième, — le neuvième, — le huitième, — le cinquième, — le septième.

271.

1°		2°	
	2,8		0,06
	5		5,03
	0,45		403,01
	750		63 960
	14,4		2 704,2
	2,13		1 010,1
	4,9		5 248
	1		20 408

3°		4°	
	3,4		6 440
	1,7		231,72
	2,3		4 020,5
	44,8		36 724
	721,5		829 330
	879		0,771
	10 320		487,39
	5,208		28 640,4

5°	3 192 500	6°	171 084 100
	415 048		3 024 852,3
	81 300,65		437 437
	174 000 230		80 420 350
	2 060 052 400		100 000 100
	8 340,2651		2 030 020,3
	4 227 003 940		6 192,3145
	27 100 000,11		7 353 240

7°	12 534 708,53	8°	8 371 581 050
	5 104 283,421		173 905 250 000
	641 753,4004		2 548 401 400
	743 025 838,2		87 308 073 000
	18 825 689,425		24 982 009
	428 100 634		69 054 730
	246 660 001		701 400,9
	35 764 074 000		758,374

ADDITION DES NOMBRES DÉCIMAUX.

272. Dans l'addition des nombres décimaux, c'est la virgule décimale et non le premier chiffre de droite, qui doit guider pour disposer les nombres les uns au-dessous des autres, afin que les unités de même ordre se trouvent dans une même colonne verticale.

273. 1°	1,398	2°	1,642586
	1,1415		1,471962
	2,87959		2,706786
	0,090886		1,880465
	0,16938		2,06453
	0,734665		1,8718631
	1,681811		1,5831472
	0,992654		1,851891194

3°	8 523,6241	4°	822,654585
	549,18502		350,3944001
	1 054,5346		932,10712
	1 275,99611		2 265,81339
	2 091,02205		6 431,58821
	3 326,3344		728,82703
	3 118,00202		375,269826
	583,79482		1 869,03282

EXERCICES SUR LE SYSTÈME MÉTRIQUE.

274. 1° Le système métrique a pour base le mètre.

2° Le mètre est une mesure prise dans la nature.

3° Il est la dix-millionième partie du quart du méridien terrestre.

4° On forme les multiples de l'unité principale en la faisant précéder des mots *déca, hecto, kilo, myria,* qui, ainsi placés, signifient 10 fois, 100 fois, 1 000 fois, 10 000 fois ; on forme les sous-multiples en la faisant précéder des mots *déci, centi, milli,* auxquels on attribue la signification de *dixième, centième, millième de.* Ces mots sont tirés, les premiers, du grec, les derniers, du latin.

MESURES DE LONGUEUR.

275. 450 000 mètres ; 3 520 m. ; 71 400 m. ; 14 000 m. ; 40 150 m. ; 28 060 m. ; 7 808 m.

276. 1° 1 myriam., 8715 ; 4 myriam., 9258 ; 29 myr., 614 ; 65 myr., 4293 ; 7 myr., 22 ; 1000 myr. ; 3 754 myr., 4 ;

2° 248 kilom., 13 ; 5 609 kilom., 4 ; 7 850 kilom. ; 10 000 kilom. ;

3° 458 hectom., 15 ; 88 hectom ; 6 hectom., 217 ; 322 400 hectom. ; 7 140 hectom. ;

4° 88 000 décam. ; 123 décam., 5 ; 67 décam., 325 ; 213 400 décam. ; 7 750 décam. ; 427 décam., 80 ;

5° 85 mètres ; 32 600 mèt. ; 39 mèt. ; 8 150 000 mèt. ; 534 mèt., 653 ; 7 734 000 mèt. ;

6° 374 900 décimètres ; 62 décimèt., 825 ; 873 800 décim. ; 6 990 000 décim. ; 90 300 000 décim. ;

7° 487 centimètres ; 321 400 centimèt. ; 72 380 centimèt. ; 2 900 000 centimèt. ; 695 000 centimèt. ;

8° 72 036 000 millimètres ; 42 000 380 milli. ; 450 700 millimètres.

277. Quatre mètres cinq décimètres; huit mètres dix-sept centimètres; douze mètres huit millimètres; vingt-quatre mètres six centimètres; cinquante-cinq millimètres; quarante-quatre dix-millièmes de mètre; deux cent trois mètres cinquante centimètres; quatre cent neuf mètres deux cent quatre-vingt-treize millimètres; quarante et un kilomètres sept cent quinze mètres; cent soixante-quatre kilomètres huit mètres; vingt-six myriamètres quatre-vingt-quatre hectomètres; neuf myriamètres deux mètres.

278. 0 m., 04; 0 m., 015; 6 m., 25; 3 m., 018; 0 m.,8; 22 m., 05; 15 kilom., 038; 12 myriam., 0055.

279. 1° Le décamètre contient 50 chaînons; le double décamètre en contient 100.
2° 200 divisions.

MESURES DE SURFACE.

280. Supposons que l'on place successivement les unes au-dessus des autres dix bandes formées chacune de dix décimètres carrés; ces bandes ainsi disposées formeront un carré ayant dix décimètres ou un mètre de longueur et dix décimètres ou un mètre de hauteur; donc cent décimètres carrés valent un mètre carré.

281. 0 m. carré, 23; 19 m. carrés, 08; 0 m. carré, 000204; 0 mètre carré, 0316; 2 décam. carrés, 0034; 0 m. carré, 000006; 20 m. carrés, 000103.

282. Quarante-cinq décimètres carrés; soixante-quinze centimètres carrés; quatre-vingt-quinze millim. carrés; huit décimètres carrés; six centimètres carrés; quatre millimètres carrés; trois mètres carrés, quatre cent cinquante centimètres carrés; sept mètres carrés, soixante-dix décimètres carrés; douze mètres carrés, trois mille deux cent soixante-dix centim. carrés; un mètre carré, deux cent cinquante-six mille sept cent dix millimètres carrés; quarante-deux mètres carrés, soixante décim. carrés; trois mille cinq cent vingt-neuf *cent-millionièmes* de mètre carré; un million trois cent mille soixante-dix *cent-millionièmes* de mètre carré.

283. Le décimètre carré est la centième partie du mètre carré; le centimètre carré est la dix-millième partie du mètre carré.

284. Le centiare est la 10 000e partie de l'hectare — la 100e partie de l'are — l'équivalent d'un mètre carré. Il vaut 100 décim. carrés; il est la centième partie d'un décamètre carré, et il vaut 10 000 centimètres carrés.

285. Vingt-six ares, soixante-quinze centiares; dix-huit ares, quatre-vingt-dix centiares; 6 ares, 811 millièmes d'are; 439 ares, 8 dix-millièmes d'are; 50 centiares; 9 hectares 4 ares 58 centiares; 88 ares 95 centiares; 3 hect. 43 arcs 40 centiares; 82 centiares, 304 millièmes de centiare; 13 ares 52 centiares, 832 millièmes de centiare; 17 ares, 9 dix-millièmes de centiare.

286. 10 000 ares — 1 000 000 d'ares.

287. 37 ares, 50; 800 ares, 03; 0 are, 9530; 16 200 ares; 3 158 ares, 130005; 23 ares.

288. 0 hectare, 0286; 0 hectare, 1519; 0 hectare, 000028; 0 hectare, 00003739; 0 hectare, 8275.

MESURES DE VOLUME.

289. 1° Non — le décistère vaut 100 décimètres cubes.

2° On n'emploie pas de multiples pour le mètre cube; ses sous-multiples sont : le *décimètre cube*, le *centimètre cube*, le *millimètre cube*. Le stère a un seul multiple, le *décastère*, valant 10 stères, et un seul sous-multiple, le *décistère*, valant la 10e partie d'un stère ou d'un mètre cube.

290. 0 mèt. cube, 000001; 0 mèt. cube, 000035; 0 m. cube, 018; 0 mèt. cube, 004723; 1 mèt. cube; 38 mèt. cubes, 954; 4 mèt. cubes, 000019; 0 mèt. cube, 008008; 5 683 mèt. cubes, 947; 0 mèt. cube, 000428045; 10 mèt. cubes, 234; 0 mèt. cube, 095324.

291. 7 mètres cubes 210 décimèt. cubes; 8 mèt. cubes, 421 300 centimèt. cubes; 6 435 centimèt. cubes; 6 mèt. cubes 740 centim. cubes; 40 201 644 millimètres cubes; 4 mèt. cubes 15 décimèt. cub.; 900 décim. cubes; 2 mèt. cubes, 324 610 centim. cubes; 42 306 700 millimètres cubes; 5 mètres cubes 200 832 480 millimètres cubes; 305 628 423 millimètres cubes, 64 centièmes de millimètre cube.

292. 8 025 décim. cubes; 34 004 décim. cubes; 0 décim. cube, 078; 4 décim. cubes, 292; 999 décim. cubes, 999; 28 000 décim. cubes, 834; 77 002 décim. cubes, 000324; 83 décim. cubes, 598237.

293. 4 stères, 553; 0 stère, 6 décistères; 8 stères, 24; 0 stère 074; 84 stères, 5; 3 stères, 000434; 3 stères, 000029.

294. 43 décast., 8; 0 décast., 2534; 3 décast., 4936; 2 645 décast., 8; 4 décast., 5398257; 63 décast., 8249; 0 décast., 0390785; 2 décast., 36; 44 décast., 89; 280 décast., 32; 625 349 décast., 8; 0 décast., 09; 0 décast. 85; 11 décast., 58; 1 décastère.

295. Le litre a pour volume un décimètre cube; — ses multiples sont : le *décalitre* et l'*hectolitre*; ses sous-multiples sont : le *décilitre* et le *centilitre*.

296. 1° Le décilitre est 100 fois plus petit que le décalitre — 1 000 fois plus petit que l'hectolitre — 10 fois plus grand que le centilitre — 10 fois plus petit que le litre — 100 fois plus grand que le centimètre cube — 10 fois plus petit que le décimètre cube — 10 000 fois plus petit que le mètre cube — 100 000 fois plus grand que le millimètre cube.

2° L'hectolitre est 1000 fois plus grand que le décilitre — 10 000 fois plus grand que le centilitre — 100 fois plus grand que le litre — 10 fois plus grand que le décalitre — 50 fois plus grand que le double litre — 5 fois plus grand que le double décalitre — 20 fois plus grand que le demi-décalitre — 200 fois plus grand que le demi-litre — 500 fois plus grand que le double décilitre — 10 fois plus petit que le mètre cube — 100 fois plus grand que le décimètre cube — 100 000 fois plus grand que le centimètre cube.

297. 33 litres, 25 centilitres; 4 lit., 7 décilit.; 24 lit., 75 millilit.; 6 lit., 2634 dix-millièmes; 15 décal., 8 lit.; 12 décal., 9 décilit.; 304 décal. 8 lit., 123 millilit. 6 dixièmes de millilitre; 20 hectol., 9 décal.; 14 hectol., 87 lit., 3467 dix-millièmes de litre; 10 hectol. 5 millilit.; 8 litres; 6 décil. 58 centièmes; 44 décil. 8 centilitres; 7 décil. 6 millièmes de décilitre.

MESURES DE POIDS.

298. 1° Le gramme est le poids dans le vide d'un centimètre cube d'eau distillée, à la température de 4 degrés au-dessus de zéro du thermomètre centigrade.

2° Ses multiples sont : le *décagramme*, qui vaut 10 grammes; *l'hectogramme*, qui vaut 100 grammes; le *kilogramme*, qui vaut 1 000 grammes.

Les sous-multiples sont : le *décigramme*, qui vaut un dixième de gramme; le *centigramme*, qui vaut un 100° de gramme; le *milligramme*, qui vaut un millième de gramme.

299. 1° Un kilogramme vaut 10 000 décigrammes — 100 décag. — 1 000 gram. — 1 000 000 de milligram. — 10 hectogr. — 100 000 centigr.

2° Le décigramme est 100 fois plus petit que le décag. — 100 fois plus grand que le milligramme — 1 000 fois plus petit que l'hectogramme — 10 fois plus grand que le centigramme — 10 fois plus faible que le gramme — 10 000 fois plus faible que le kilogramme.

300. Le *tonneau de mer*, pesant 1000 kil., représente 1000 litres ou un mètre cube d'eau; le *quintal*, pesant 100 kil., représente 100 litres ou 100 décimètres cubes d'eau.

301. 1° 3 décimètres cubes; 500 millimètres cubes; 200 centimètres cubes; 6 centimètres cubes; 90 centimètres cubes; 8 millimètres cubes; 70 millimètres cubes.

2° 27 016 centimètres cubes; 32 002 800 millimètres cubes, ou 32 décimètres cubes 2 centimètres cubes 800 millimètres cubes; 300 500 millimètres cubes; 90 080 millimètres cubes; 4 033 millimètres cubes, ou 4 centimètres cubes 33 millimètres cubes; 660 millimètres cubes.

302. 27 kilog. 428 grammes, ou, en décomposant, 27 kilog. 4 hectog. 2 décag. 8 grammes; 12 kilog. 59 décag. (590 gram.); 65 kilog. 27 346 centigr.; 397 centigr.; 8 hectog. ou 80 décag. ou 800 gram.; 15 décag. 813 centigr.; 19 décag. 2 306 milligr.; 5 décag. 427 425 millionièmes de décag.; 894 cent-millièmes de décag.; 4 814 gram. 7 décigr.;

778 453 gram.; 482 dix-millièmes de gramme; 639 hectog. 375 décigr.; 218 centigr.; 82 156 hectog. 48 grammes.

303. 33 décag., 02; 4 kilog., 103; 8 gr., 08; 20 hectog., 35; 16 kilog., 0048; 2 milligr., 0019, ou 0 gr., 0020019.

MONNAIES.

304. 1° Une pièce d'argent de 1 franc, pèse 5 grammes; — celle de 5 fr. pèse 25 gr.; — celle de 2 fr. pèse 10 gr.; — celle de 20 centimes, 1 gr.; — celle de 50 cent., 2 gr. 50 centigr.

2° Une pièce de cuivre de 10 centimes pèse 10 grammes; — celle de 1 cent., 1 gr.; — celle de 5 cent., 5 gr.; — celle de 2 cent., 2 gr.

3° La pièce de cuivre de 1 gramme vaut 1 centime, la pièce d'argent du même poids vaut 20 cent. Les pièces de cuivre représentent donc en valeur le vingtième des pièces d'argent de même poids.

4° Le poids de la pièce de 10 fr. est de 3 gr. 226 milligr. — celui de la pièce de 20 fr. est de 6 gr. 452 milligr.; — celui de la pièce de 40 fr. est de 12 gr. 903 milligr.

5° Les sous-multiples décimaux du franc, qui est notre unité monétaire, sont le *décime* et le *centime*. Il n'y a pas de multiples proprement dits.

305. Cinquante centimes; cinq centimes; deux francs soixante-quinze centimes; trois francs quarante centimes; six francs neuf centimes; cent vingt-huit francs, 268 millièmes de franc; 463 925 fr. 54389 cent-millièmes de franc.

PROBLÈMES

SUR L'ADDITION DES NOMBRES DÉCIMAUX.

306. 249 k., 3.

307. 2 109 fr., 05.

308. 1 mètre, 299.

309. 10 m., 05.

310. 15 kilom., 7 755.

311. 110 hectares.

312. 1 650 fr., 50.

313. 3 104 fr., 90.

314. 173 fr.

315. 34,87158325.

316. 3 litres, 88 centilitres, ou 3 décimètres cubes, 880 centimètres cubes, ou 3 880 centimètres cubes.

317. 46 mètres cubes, 500 décimètres cubes.

318. 11 mètres carrés, 8685.

319. 553 milligrammes.

320. 88 kilog., 85 décag.

321. 2 kilog., 985 gr.

322. 373 m., 05.

323. 185 litres, 15.

324. 1 m., 605.

325. 10 m., 35.

326. 33 m., 40.

SOUSTRACTION DES NOMBRES DÉCIMAUX.

327. Pour faire la soustraction des nombres décimaux, on place le plus petit sous le plus grand, de manière que les virgules se correspondent, et l'on effectue l'opération comme pour les nombres ordinaires. On met ou l'on suppose au besoin des zéros, pour que le nombre de décimales soit le même de part et d'autre.

328.
0,2201261
0,0950121
0,131522
0,62210045
0,0107144
0,1030212
0,0000040720
0,01200324

329.
61,0053018
0,0002
121,03250012
272,2125
347,01025432
2 005,10112212
319,111111
4,11142242

330. 0,221411251
0,175134545
0,499085355
0,009886224
0,011871759
0,109900584
0,107019102
0,349234169

331. 3,050175183
11,961821789
185,9554896885
248,7729136159
380,802773011
506,755981450
146,9095403612
410,64379460251

332. 1° 6 744,8679726911
1 995,189942147
1 445,1918759122
8 199,1442348134
4 001,0590587479
24,3660136471
26,5466652619
1 592,400693082

2° 36 257,1664333624
42 045,7060079662
23 954,7256702016
49 501,1461179698
8 956,4199999659
39 287,936439527
13 545,445804548
65 094,1540485864

PROBLÈMES

SUR LA SOUSTRACTION DES NOMBRES DÉCIMAUX.

333. 434 m., 75.
334. 20 hectares, 25 ares, 45 centiares.
335. 71 m., 85.
336. 273 hectol., 85.
337. 12 m., 50.
338. 0 m., 155.
339. 24 kilog., 221.
340. 2 kilog., 0883.
341. 626 m., 50.
342. 25 m., 23.
343. 10 kilog., 35.
344. 64 stères, 1 déci-stère.
345. 3 504 fr., 65.

346. 350 hect., 86 ares.
347. 23 540 litres, 45 centilitres.
348. 135 gr.
349. 116 mètres carrés, 9995.
350. 67 ares, 45 cent.
351. 7 312 gr., 5.
352. 24 stères, 15 centi-stères.
353. 507 hectol., 75.
354. 135 grammes.
355. 12 m., 35.
356. 1 kilog., 505.
357. 0 m., 19.

PROBLÈMES

SUR L'ADDITION ET LA SOUSTRACTION DES NOMBRES DÉCIMAUX.

358. 29 grammes, 0 805.

359. Du droit de 1 stère, 25.

360. 3 011 fr., 25.

361. 14 hectares, 23 ares.

362. 157 kilog., 60.

363. 21 fr. 75.

364. 74 kilog., 3.

MULTIPLICATION DES NOMBRES DÉCIMAUX.

365. *Pour multiplier un nombre décimal par un nombre entier, on opère comme si les deux facteurs étaient des nombres entiers, et l'on sépare sur la droite du produit autant de décimales qu'il s'en trouve dans le multiplicande.*

Soit à multiplier 354,15 par 85. Nous pouvons, en enlevant la virgule, considérer le multiplicande comme réduit en centièmes. Alors, 35 415 centièmes répétés 85 fois, donnent 3 010 275 centièmes ou 30 102,75.

Nous pouvons encore raisonner ainsi : En supprimant la virgule du multiplicande, nous le rendons 100 fois plus fort ; le produit 3 010 275 est donc cent fois trop fort. Il faut donc le diviser par 100, c'est-à-dire séparer deux décimales, pour lui rendre sa véritable valeur.

2° *Pour multiplier deux nombres décimaux l'un par l'autre, on opère comme sur deux nombres entiers, et l'on sépare sur la droite du produit autant de décimales qu'il y en a dans les deux facteurs.*

Soit à multiplier 48,25 par 7,5. Le multiplicateur est la même chose que 75 dixièmes ; l'opération revient donc à prendre 75 fois le dixième de 48,25, ou à répéter 75 fois 48,25. Nous avons alors, comme dans le cas précédent, un nombre décimal à multiplier par un nombre entier. Le nouveau multiplicande 4,825 ayant trois décimales, le produit 361,875 en a trois également, c'est-à-dire autant qu'il y en a dans les deux facteurs primitifs.

3.

8° Pour multiplier plusieurs nombres décimaux par des nombres décimaux ou par des nombres entiers, il faut opérer comme sur des nombres entiers et séparer sur la droite du produit final autant de décimales qu'il y en a dans tous les facteurs.

Soit à multiplier 104 par 3,45, par 12,24, par 0,85. Le produit de 104 par 3,45 est 358,80. Ce qui précède nous explique pourquoi il doit contenir deux décimales. Multipliant ce produit par le facteur 12,24, nous obtenons un nouveau produit 4 391,7120, qui contient quatre décimales, puisqu'il y en a deux dans le multiplicande et deux dans le multiplicateur. Multipliant ce second produit par 0,85, nous aurons pour produit final 3 732,955200, avec autant de décimales qu'il y en a dans tous les facteurs réunis.

366.

1°	2°	3°
1,9292	19,12	37,5858
11,0826	23,2978	50,3712
249,237	23,1756	9,3577
131,4108	4,8461	35,625
210,3444	12,2024	44,668
40,5002	0,5175	43,1664
58,73215	5,944	39,04992
9,27075	6,78335	48,026

4°	5°
245 653,78012	674 224,1463334
147 607,4073474	981 817,66582
118 388,6018766	2 787 856,18
397 130,308608	39 522 842,4
780 864,35405549	513 023,563521
803 60,79440293	3 145 293
305 730,8558288	266 485 420
814 012,84202	18 427 350

6°	7°
2 108 270,7	355 111,5966090
20 942,75925	41 155 094,55
99 724,021508	1 715 581,36044945
2 199 365,0421155	543 648,1048265
234 387,3	25 962,762744
85 858 585	6 023 400
883 122,3	798 752,35617
4 977 043,8	718 192,359393

367. 1° 0,0486
0,3666
0,086215
0,08869
0,2592096
0,111943
0,4892162
0,61274675

2° 0,351016188
0,0292357208
0,00763251
0,362145741
0,242074744
0,137498244
0,0042800724
0,005340071152

3° 39,5584384
3,66432048
152,500675425
0,033616597
1,1988062065
168,38611872
51,60694233
46,6601412

4° 7,86257351
43,87031010
358,46283512
717,02911232
14,21889876
22,17180319
45,42833642
33,79190952

5° 265,87471368
213,325674054
175,4514892
857,16112896
514,289010549
1 295,641444064
986,17981225
3 042,34611281

6° 912,25181502
4 970,2570500025
301,47702864
1 156,18888462
184,1937552
2 205,789168
1 719,8485649
1.798,6010253

368.
762 188,67915894
2 093,77506160053
0,001268300233224
361,576593107074368
65,63400114825
2 385 533,80859521728
511,85884011718875
3 309 112,83494088
35,75944874304
57,69285703088

PROBLÈMES

SUR LA MULTIPLICATION DES NOMBRES DÉCIMAUX.

369. 12 960 litres.

370. 568 022 hectares, 96 ares, 40 centiares.

371. 9 702 mèt., 32 112.

372. 1 088 mèt., 75.

373. 80 kilog., 855 gram.

374. 1 kilog., 9 8075.

375. 3 148 gr., 910 345.

376.

$$530 402 \times 0,320 = 169 728,640$$
$$530 402 \times 0,475 = 251 940,950$$
$$530 402 \times 0,205 = 108 732,410$$

530 402 kilomètres carrés.

377. 4 789 pieds valent 1 555 mèt., 65876; 18 975 pouces valent 513 mètres, 65325.

378. Chaque trou revenant à 0 fr., 07, les 2 525 trous coûteront 176 fr., 75.

379. 15 mèt., 2730275.

380. 20 kilog., 580.

381. 247 kilog., 995.

382. 3 993 décim. car., 50 centim. carrés.

383. 22 022 francs.

384. 1 271 ares, 394.

385. Surface du rectangle............ 87 360 m.c.
    «   triangle............ 22 276   80

Surface totale........ 109 636 m.c. 80
ou 10 hect. 96368, dont la valeur, à raison de 3 500 fr. l'hectare, est de 38 372 fr. 88.

386. 27 956 fr., 25.

387. 624 fr., 60.

388. 46 fr., 20.

PROBLÈMES

SUR L'ADDITION, LA SOUSTRACTION ET LA MULTIPLICATION DES NOMBRES ENTIÈRS.

389. 625 fr., 35.

390. 159 fr., 25.

391. 20 192 francs, 65 ; 35 637 gr., 9736.

392. 12 810 fr.

393. 85 kilog.

394. 10 pièces de 2 fr. donnent une longueur de 0 mèt., 27 ; 10 pièces de 1 fr. donnent 0 mèt., 23 : d'où 10 pièces de chaque sorte donnent une longueur de 0 mèt., 50 ; 20 pièces de chaque sorte donnent 1 mètre, et 40 pièces, 2 mètres.

395. 1 mèt., 91.

396. Les 125 décimètres cubes ou litres déplacés pesant 125 kilog., la masse de fonte ne pèsera dans l'eau que 750 kilogr.

397. 4162 gr., 576.

398. 1 kilog., 074.

399. 832 fr., 25.

400. La surface est de 123 mèt. car., 10.

DIVISION DES NOMBRES DÉCIMAUX.

DIVISION DE DEUX NOMBRES ENTIERS DONNANT LIEU A UN QUOTIENT QUI CONTIENT DES DÉCIMALES.

401. 0,625   0,512   3,640625   1,928125   96,1375   304,610625   0,75

402. 0,333...   0,285714285714...   0,3636...   0,615384615384...   15,76470588235294 1764...   14,302325581395348837209302...   18,2916666...   4,73333...   7,5247524...   6,13658536585...   3,94444...

403.
1°	2°	3°
0,12	0,943	0,000457
0,321	6,009	0,0070493
0,011	34,0158	38,59755
0,015	8,074	3,859755
0,0705	0,8753	0,0484078
0,0047	0,00108	0,00000453
1,563	0,0137	0,0000310506
0,359	0,00265	0,6042815

4°	5°
2,00673	0,000173
0,650348	0,002361
0,0734	0,0042632
8,0001	0,00008784
5,00881	0,0018342
10,0354	0,000008732
3,05223	0,0005463
0,0028103	0,0002154

I.

404.
1°	2°
0,1245	0,65242
0,8275	0,63272
0,825	0,49531
0,8425	0,62992
0,613	0,65383
0,46864	0,8282
0,384753	0,7832
0,6489	0,46535

II.

1°	2°	3°	4°
113	48	843	75
26	24	188	213
503	615	297	148
243	248	909	2777
405	407	829	358
127	324	74	4270
123	455	80	234
54	6	56	111

III.

1°	2°	405.	1°	2°
571	6,07391		625	16
7,0859	1 247		64	32
4,75	2,704		25	256
3,041	18,064251		320	250
278	180		80	160
84	2 400		125	512
304	1 529		1 250	3 125
2 275	277		128	1 024

PROBLÈMES

SUR LA DIVISION DES NOMBRES DÉCIMAUX.

406. 1 500 kilog.

407. 4 kilog., 89375 de plomb, et 1 kilog., 63125 d'antimoine.

408. 14 700 décigrammes.

409. 0 fr., 45.

410. La perdrix grise à coûté 0 fr., 75 ; la perdrix rouge, 1 fr., 55.

411. Le diamètre approximatif de Paris serait de 8 kilom., 5944 ; celui de Londres serait de 15 kilom., 59687 ; celui de Saint-Pétersbourg serait de 11 kilom., 14085.

412. 0,04732.

413. 334 mètres carrés.

414. L'une des locomotives parcourt 502 kilom. pendant que l'autre n'en parcourt que 353. Le temps étant le même, les vitesses sont entre elles comme les espaces parcourus. Divisant donc 502 par 353, on trouve que la vitesse de la première locomotive est 1 fois 422 millièmes de fois plus grande que celle de la seconde.

415. 0 mètre, 0238 par mètre.

416. 5 130 744 toises.

417. 300 grammes, 275.

418. 75 hectares, 1518.

419. 17 francs à moins d'un demi-centime près.

420. 5 fr., 75.

420 bis. 7 kilog., 455.

421. 773 fois environ.

422. 4 kilog., 690.

423. 106,25.

424. 20 bandes.

425. 3 fr., 40.

426. 625 objets.

427. 24 minutes.

428. 1 047.

PROBLÈMES

SUR LES QUATRE RÈGLES DES NOMBRES DÉCIMAUX.

429. Leur longueur, au mois de juillet 1788, était de 0 m., 55 ; elles s'étaient allongées de 0 m., 26, pendant tout le temps, et de 0 m., 002385, en moyenne, pendant chaque mois de l'observation.

430. 27 fr., 85.

431. Le droit d'entrée pour la totalité est de 47 fr., 125 ; ce qui fait par kilog., 0 fr., 0725, et, pour 100 kilog., 7 fr., 25.

432. Le prix du sac demandé est de 33 francs ; celui du kilog. est de 27 centimes et demi.

433. La vitesse par seconde, qu'il faut d'abord chercher, est de 0 mèt., 504 ; ce qui donne, pour la vitesse par minute à la surface, 30 mèt., 24, et, pour la vitesse moyenne, 24 mèt., 192.

434. 5 gr., 695 d'humus, et 5 689 gr., 305 de matière de roches.

435. La dilatation pour 1 mètre est de 0 mèt., 00217; alors elle est pour 75 mèt., 50, de 0 m., 163835. Ajoutant cette dilatation à la longueur primitive, c'est-à-dire à 75 mèt., 50, on obtient pour réponse à la question, 75 mèt., 663835.

436. 1° 2 505 kilog. ; 2° 84 fr. ; 3° 25 kilog., 05.

437. 438 gr., 25.

438. 1 327 gr., 5; — 108 gr.; — 13 gr., 5; — 1 449 gr.

439. 14 236 fr., 20.

440. Le poids est de 46 kilogrammes, 25; le prix est de 462 fr., 50.

441. 270 fr., 38.

442. Sa capacité est de 24 décimèt. cubes, 415.

443. Après avoir donné 25 centimes à chaque pauvre, il reste à la personne 30 centimes. S'il lui en restait le double, c'est-à-dire s'il lui restait 60 centimes, elle pourrait encore donner 5 centimes à chaque pauvre. Il y a donc 12 pauvres, et le contenu de la bourse est de 3 fr., 30.

444. La chaussée de la route ayant une superficie de 14 700 mètres carrés, et la superficie d'un pavé étant de 0 mèt. car., 04, le nombre des pavés est de 367 500.

445. 70 331 fr., 085.

446. Si, de 7 kilog., 15, poids du mélange, on retranche 2 kilog., poids de deux litres d'eau, il reste 5 kilog., 15, pour le poids de 5 litres de lait. Le litre de lait pèse donc 1 kil., 03.

447. 9 mèt., 30.

FRACTIONS ORDINAIRES.

NUMÉRATION.

448. 1° On représente une fraction ordinaire en plaçant un nombre appelé *numérateur* au-dessus d'un autre nombre appelé *dénominateur,* et en les séparant par un trait horizontal.

2° Le *numérateur* indique combien on compte de parties d'unité; — le *dénominateur* indique en combien de parties l'unité est divisée.

3° Pour énoncer une fraction ordinaire, on énonce d'abord le numérateur comme un nombre cardinal, et ensuite le dénominateur comme un nombre ordinal, c'est-à-dire avec la terminaison *ième.* Ex. : $\frac{2}{5}$ deux *cinquièmes.*

Quand le dénominateur est 2, 3 ou 4, on ne se sert pas du nombre ordinal, mais des substantifs *demi, tiers, quart.* Ex. : $\frac{1}{2}$, une *demie* ; $\frac{2}{3}$, deux *tiers*; $\frac{3}{4}$, trois *quarts.*

449. $\dfrac{2}{5}$, $\dfrac{3}{9}$, $\dfrac{1}{2}$, $\dfrac{1}{3}$, $\dfrac{1}{4}$, $\dfrac{1}{5}$, $\dfrac{4}{7}$, $\dfrac{6}{11}$, $\dfrac{8}{17}$, $\dfrac{7}{15}$,

$\dfrac{5}{12}$, $\dfrac{3}{8}$, $\dfrac{19}{20}$, $\dfrac{6}{12}$, $\dfrac{17}{18}$, $\dfrac{13}{14}$, $\dfrac{20}{23}$, $\dfrac{15}{29}$.

450. Un *sixième,* deux *septièmes,* quatre *neuvièmes,* sept *huitièmes,* dix *onzièmes,* dix-neuf *vingt et unièmes,* quatre *quinzièmes,* seize *dix-septièmes,* treize *dix-neuvièmes,* vingt-quatre *vingt-cinquièmes,* onze *vingt-quatrièmes,* dix-sept *trente-deuxièmes,* trois *trente et unièmes,* cinq *vingt-neuvièmes,* six *treizièmes,* douze *quarante-troisièmes,* quatorze *cinquante-troisièmes,* vingt-deux *soixante-cinquièmes,* dix-huit *quarante-septièmes,* quarante *quarante et unièmes,* trente trois *soixante-quatrièmes,* cinquante-six *soixante et onzièmes,* soixante-sept *quatre-vingtièmes,* quarante-deux *cent vingt-*

cinquièmes, quatre-vingt-dix-neuf *centièmes,* vingt-sept *quatre-vingt-onzièmes,* soixante-quinze *cent unièmes,* cent trois *deux-centièmes,* quarante-quatre *deux cent dix-septièmes,* quatre-vingt-trois *deux cent trente-neuvièmes,* cent quarante-cinq *deux cent soixante-seizièmes.*

451. $\dfrac{85}{86}$, $\dfrac{104}{320}$, $\dfrac{14}{109}$, $\dfrac{240}{267}$, $\dfrac{815}{953}$, $\dfrac{1003}{4752}$, $\dfrac{408}{583}$, $\dfrac{7944}{12311}$,

$\dfrac{113}{815}$, $\dfrac{72}{77}$, $\dfrac{49}{1000}$, $\dfrac{23}{10000}$, $\dfrac{2026}{4403}$, $\dfrac{131}{20000}$.

452. Soixante-quatorze *soixante-dix-neuvièmes,* deux cents *deux cent-unièmes,* cent trente-huit *quatre cent treizièmes,* huit cent un *douze cent quatrièmes,* cinq cent vingt-cinq *huit cent dix-huitièmes,* quatre cent soixante dix-sept *millièmes,* trois cent douze *mille cinq cent quarante-neuvièmes,* cent quatre-vingt-treize *six cent sixièmes,* quatorze cent trente *deux mille sept cent quatre-vingt-unièmes,* quatre cent quarante-quatre *neuf cent quatre-vingt-dix-neuvièmes,* six cent soixante et un *sept cent vingt-huitièmes,* trois mille quatre cent vingt-deux *dix-huit mille deux cent cinquièmes,* quatre cent un *cinq cent trente-quatrièmes,* deux mille *trois mille cent soixante treizièmes,* dix-sept cent cinquante-trois *quatre mille huit cent quinzièmes,* huit mille cinq cent quarante-trois *neuf mille cinq cent quarante-neuvièmes,* cinq mille trente-trois *treize mille cinq cent quarantièmes.*

453. En multipliant ou en divisant le numérateur d'une fraction par un nombre, sans changer son dénominateur, on rend cette fraction autant de fois plus grande ou plus petite qu'il y a d'unités dans le nombre par lequel on multiplie ou l'on divise.

Ce résultat est inverse quand on opère de la même manière sur le dénominateur.

La fraction ne change pas de valeur, quand on multiplie ou qu'on divise ses deux termes par un même nombre.

454. Si nous ajoutons 2 à chacun des termes de $\frac{2}{5}$, nous aurons une seconde fraction $\frac{4}{7}$ qui sera plus grande que $\frac{2}{5}$.

Pour le concevoir, nous observons d'abord que la différence entre les deux termes de chaque fraction n'a pas changé, et qu'elle ne saurait changer en pareil cas, quelle que soit la fraction sur laquelle on opère et quel que soit le nombre que l'on ajoute. Or, la différence entre les deux termes d'une fraction indique le nombre de parties qui lui manquent pour égaler l'unité. Ces parties étant plus petites dans la seconde fraction que dans la première, il est évident que la seconde fraction approche plus de l'unité que la première, et que, conséquemment, elle est plus grande. Il est évident, en outre, qu'en ajoutant aux deux termes d'une fraction un même nombre, de plus en plus grand, on obtiendra des fractions de plus en plus rapprochées de l'unité, sans pouvoir toutefois en atteindre jamais la valeur, puisque la différence entre les deux termes sera toujours la même.

Si l'on ajoute un même nombre aux deux termes d'une fraction plus grande que l'unité, la fraction se rapproche encore de l'unité, mais alors elle diminue. Ajoutons, par exemple, 2 au nombre fractionnaire $\frac{5}{4}$. La fraction résultante $\frac{7}{6}$ sera plus rapprochée de l'unité que la proposée, puisqu'il ne lui manque que $\frac{1}{6}$ pour être égale à l'unité et qu'il manque $\frac{1}{4}$ à la proposée pour satisfaire à la même condition.

On induira facilement de ce qui précède qu'on diminue une fraction et qu'on augmente un nombre fractionnaire, en retranchant un même nombre des deux termes de la quantité considérée.

455. On fait suivre le quotient obtenu d'une fraction ayant pour numérateur le reste de la division et pour dénominateur le diviseur.

456. On prend le dividende pour numérateur et le diviseur pour dénominateur.

457. 1° $2\frac{14}{17}$ 2° $21\frac{55}{160}$

     $3\frac{9}{23}$ $12\frac{58}{223}$

$2\frac{8}{39}$ $\qquad\qquad$ $6\frac{293}{1000}$

$11\frac{2}{11}$ $\qquad\qquad$ $4\frac{146}{363}$

$16\frac{7}{15}$ $\qquad\qquad$ $111\frac{23}{407}$

$30\frac{3}{10}$ $\qquad\qquad$ $2083\frac{7}{9}$

$14\frac{42}{59}$ $\qquad\qquad$ $3127\frac{1}{7}$

$12\frac{57}{60}$ $\qquad\qquad$ $7692\frac{4}{13}$

$321\frac{1}{3}$ $\qquad\qquad$ $404\frac{208}{601}$

$129\frac{1}{8}$ $\qquad\qquad$ $279\frac{429}{1815}$

458. 1° $\quad 2\frac{5}{7}$ $\qquad$ 2° $\quad 3\frac{17}{29}$ $\qquad$ 3° $\quad 3\frac{395}{609}$ $\qquad$ 4° $\quad 77\frac{105}{204}$

$\quad 8\frac{2}{4}$ $\qquad\qquad 36\frac{4}{9}$ $\qquad\qquad 299\frac{20}{23}$ $\qquad\qquad 232\frac{234}{375}$

$\quad 3\frac{4}{18}$ $\qquad\qquad 36\frac{5}{13}$ $\qquad\qquad 108\frac{51}{73}$ $\qquad\qquad 444\frac{88}{121}$

$\quad 3\frac{8}{12}$ $\qquad\qquad 113\frac{2}{6}$ $\qquad\qquad 907\frac{4}{11}$ $\qquad\qquad 89\frac{991}{1012}$

$\quad 6\frac{2}{3}$ $\qquad\qquad 39\frac{10}{15}$ $\qquad\qquad 56\frac{68}{81}$ $\qquad\qquad 80\frac{683}{844}$

$$3\frac{16}{17} \qquad 18\frac{26}{43} \qquad 29\frac{79}{101} \qquad 985\frac{30}{47}$$

$$1\frac{1}{35} \qquad 4\frac{53}{56} \qquad 17\frac{70}{111} \qquad 56\frac{1272}{1303}$$

$$18\frac{4}{5} \qquad 108 \qquad 1\frac{40}{7309} \qquad 30303\frac{1}{33}$$

459. $\dfrac{20}{4}\quad \dfrac{28}{4}\quad \dfrac{36}{4}\quad \dfrac{44}{4}\quad \dfrac{52}{4}\quad \dfrac{60}{4}\quad \dfrac{68}{4}\quad \dfrac{76}{4}\quad \dfrac{108}{6}\quad \dfrac{210}{6}$

$$\frac{288}{6}\quad \frac{312}{6}\quad \frac{126}{6}\quad \frac{384}{6}\quad \frac{192}{6}\quad \frac{532}{7}\quad \frac{329}{7}\quad \frac{581}{7}$$

$$\frac{413}{7}\quad \frac{420}{7}\quad \frac{182}{7}\quad \frac{385}{7}\quad \frac{2187}{9}\quad \frac{5652}{9}\quad \frac{3357}{9}$$

$$\frac{12852}{9}\quad \frac{7236}{9}\quad \frac{34133}{11}\quad \frac{81994}{11}\quad \frac{387530}{11}\quad \frac{49731}{11}$$

$$\frac{106795}{13}\quad \frac{41600}{13}\quad \frac{809185}{13}\quad \frac{47190}{13}\quad \frac{23185}{5}\quad \frac{33020}{5}$$

$$\frac{403795}{5}\quad \frac{12015}{5}\quad \frac{30003}{3}\quad \frac{30030}{3}\quad \frac{303030}{3}\quad \frac{33333}{3}.$$

460. 1° $\dfrac{85}{7}\quad \dfrac{209}{9}\quad \dfrac{83}{10}\quad \dfrac{89}{6}\quad \dfrac{380}{11}\quad \dfrac{433}{15}\quad \dfrac{136}{3}\quad \dfrac{938}{31}\quad \dfrac{17}{4}$

$$\frac{27}{5}\quad \frac{1517}{20}\quad \frac{6697}{83}\quad \frac{998}{19}\quad \frac{892}{9}\quad \frac{21157}{80}\quad \frac{3893}{22}$$

$$\frac{62132}{77}\quad \frac{4055}{13}.$$

2° $\dfrac{85243}{101}$ $\dfrac{235536}{301}$ $\dfrac{285155}{534}$ $\dfrac{770479}{622}$ $\dfrac{3476095}{814}$

$\dfrac{2848963}{998}$ $\dfrac{1000037}{100}$ $\dfrac{10007}{10}$ $\dfrac{1000000061}{1000}$

$\dfrac{5383579}{100}$ $\dfrac{882530001}{10000}$ $\dfrac{144180825}{2403}$.

RECHERCHE DU PLUS GRAND COMMUN DIVISEUR ENTRE DEUX NOMBRES.

461.

1°	2°	3°
132	24	64
72	2	396
125	405	224
162	36	12
141	12	96
4	612	88
4	144	75
18	360	120

462. $\dfrac{2}{3}$ $\dfrac{1}{2}$ $\dfrac{3}{4}$ $\dfrac{1}{11}$ $\dfrac{3}{29}$ $\dfrac{3}{17}$ $\dfrac{1}{6}$ $\dfrac{1}{12}$ $\dfrac{2}{4}$ $\dfrac{15}{24}$

$\dfrac{8}{102}$ $\dfrac{8}{26}$ $\dfrac{9}{25}$ $\dfrac{4}{22}$ $\dfrac{6}{8}$ $\dfrac{2}{25}$ $\dfrac{8}{125}$ $\dfrac{42}{356}$ $\dfrac{13}{66}$

$\dfrac{12}{123}$ $\dfrac{13}{170}$ $\dfrac{2}{31}$ $\dfrac{7}{14}$ $\dfrac{5}{40}$.

$\dfrac{267}{10203}$ $\dfrac{864}{1222}$ $\dfrac{212}{747}$ $\dfrac{844}{1132}$ $\dfrac{202}{243}$ $\dfrac{191}{225}$ $\dfrac{3163}{4126}$

$\dfrac{1419}{2339}$ $\dfrac{2081}{2259}$ $\dfrac{1305}{1220}$.

463. 1° $\dfrac{3}{31}$ $\dfrac{1}{11}$ $\dfrac{1}{15}$ $\dfrac{1}{5}$ $\dfrac{1}{32}$ $\dfrac{16}{47}$ $\dfrac{1}{18}$ $\dfrac{41}{317}$ $\dfrac{1}{8}$ $\dfrac{1}{6}$

$\dfrac{2}{3}$ $\dfrac{2}{5}$ $\dfrac{17}{38}$ $\dfrac{1}{23}$ $\dfrac{241}{2724}$ $\dfrac{2706}{15023}$ $\dfrac{131}{263}$ $\dfrac{1}{5}$

$\dfrac{43}{2007}$ $\dfrac{53}{200}$.

2° $\dfrac{10}{17}$ $\dfrac{7}{12}$ $\dfrac{4}{25}$ $\dfrac{5}{14}$ $\dfrac{1529}{1998}$ $\dfrac{1793}{3097}$ $\dfrac{123}{124}$ $\dfrac{84}{100}$ $\dfrac{79}{80}$

$\dfrac{37}{71}$ $\dfrac{1697}{45279}$ $\dfrac{373}{18009}$ $\dfrac{21836}{23990}$ $\dfrac{4533}{12172}$ $\dfrac{281}{1335}$.

464. $\dfrac{3}{6}$ et $\dfrac{4}{6}$; $\dfrac{16}{20}$ et $\dfrac{15}{20}$; $\dfrac{25}{35}$ et $\dfrac{14}{35}$; $\dfrac{44}{99}$ et $\dfrac{18}{99}$;

$\dfrac{90}{195}$ et $\dfrac{104}{195}$; $\dfrac{144}{204}$ et $\dfrac{187}{204}$; $\dfrac{207}{322}$ et $\dfrac{294}{322}$;

$\dfrac{133}{342}$ et $\dfrac{270}{342}$; $\dfrac{1000}{1240}$ et $\dfrac{1023}{1240}$; $\dfrac{3408}{3763}$ et $\dfrac{3180}{3763}$;

$\dfrac{5130}{6650}$ et $\dfrac{5740}{6650}$; $\dfrac{3861}{4851}$ et $\dfrac{4312}{4851}$; $\dfrac{73745}{139944}$ et $\dfrac{51000}{139944}$;

$\dfrac{491200}{560800}$ et $\dfrac{379942}{560800}$; $\dfrac{473879}{474388}$ et $\dfrac{442700}{474388}$.

465. $\dfrac{64}{160}$, $\dfrac{120}{160}$ et $\dfrac{140}{160}$; $\dfrac{660}{770}$, $\dfrac{350}{770}$ et $\dfrac{693}{770}$; $\dfrac{2873}{3094}$,

$\dfrac{476}{3094}$ et $\dfrac{182}{3094}$; $\dfrac{11040}{14490}$, $\dfrac{12600}{14490}$ et $\dfrac{9177}{14490}$; $\dfrac{104328}{106596}$,

$$\frac{87984}{106596} \text{ et } \frac{103635}{106596}; \quad \frac{3118832}{359473}, \frac{334158}{359473} \text{ et } \frac{194479}{359473};$$

$$\frac{62727912}{123646365}, \quad \frac{123492000}{123646365} \text{ et } \frac{122989545}{123646365};$$

$$\frac{556589440}{564505920}, \quad \frac{505970505}{564505920} \text{ et } \frac{507076416}{564505920}.$$

466. $\dfrac{990}{4620}$, $\dfrac{3234}{4620}$, $\dfrac{3080}{4620}$ et $\dfrac{2520}{4620}$; $\dfrac{3456}{16416}$, $\dfrac{14592}{16416}$

$\dfrac{13680}{16416}$ et $\dfrac{9234}{16416}$; $\dfrac{162393}{278388}$, $\dfrac{175824}{278388}$

$\dfrac{202464}{278388}$ et $\dfrac{263340}{278388}$; $\dfrac{2415420}{2656962}$, $\dfrac{2593701}{2656962}$

$\dfrac{2020788}{2656962}$ et $\dfrac{2614160}{2656962}$; $\dfrac{5529450}{3232075}$, $\dfrac{2468138}{3232075}$

$\dfrac{2656500}{3232075}$ et $\dfrac{3139730}{3232075}$; $\dfrac{2100000}{8820000}$, $\dfrac{2115200}{8820000}$

$\dfrac{8158500}{8820000}$ et $\dfrac{7497000}{8820000}$.

467 $\dfrac{9}{12}$, $\dfrac{10}{12}$ et $\dfrac{11}{12}$; $\dfrac{16}{60}$, $\dfrac{24}{60}$, $\dfrac{42}{60}$ et $\dfrac{39}{60}$; $\dfrac{112}{126}$, $\dfrac{24}{126}$,

$\dfrac{9}{126}$ et $\dfrac{42}{126}$; $\dfrac{30}{48}$, $\dfrac{45}{48}$, $\dfrac{46}{48}$ et $\dfrac{28}{48}$; $\dfrac{11}{60}$, $\dfrac{34}{60}$,

$\dfrac{56}{60}$ et $\dfrac{24}{60}$; $\dfrac{23}{72}$, $\dfrac{70}{72}$, $\dfrac{20}{72}$ et $\dfrac{36}{72}$; $\dfrac{2646}{7875}$, $\dfrac{7650}{7875}$,

$\dfrac{3850}{7875}$ et $\dfrac{2520}{7875}$; $\dfrac{38}{162}$, $\dfrac{18}{162}$, $\dfrac{48}{162}$ et $\dfrac{27}{162}$.

ADDITION DES FRACTIONS ORDINAIRES.

468. 1° 1, $\dfrac{1}{3}$, 1, $\dfrac{3}{4}$, $1\dfrac{7}{12}$, $\dfrac{12}{13}$, $1\dfrac{9}{17}$, $\dfrac{3}{4}$, $\dfrac{53}{117}$, $1\dfrac{17}{28}$,

$\dfrac{40}{99}$, $\dfrac{207}{266}$, $1\dfrac{837}{950}$, $1\dfrac{289}{1230}$.

2° $\dfrac{37}{55}$, $1\dfrac{3}{91}$, $1\dfrac{46}{153}$, $1\dfrac{3}{7}$, $1\dfrac{8}{33}$, $1\dfrac{9}{77}$, $1\dfrac{11}{336}$, $\dfrac{2}{3}$, $\dfrac{7}{50}$.

3° $1\dfrac{23}{42}$, $\dfrac{59}{350}$, $\dfrac{77}{90}$, $\dfrac{611}{726}$, $1\dfrac{7565}{20007}$, $2\dfrac{73}{546}$, $1\dfrac{531185}{607292}$,

$1\dfrac{1274105}{1522521}$.

469. 1° 5, 9, $9\dfrac{5}{12}$, $73\dfrac{7}{50}$, $37\dfrac{149}{10000}$, $5\dfrac{47}{100}$, $3\dfrac{17}{35}$, $7\dfrac{81}{88}$,

$10\dfrac{281}{310}$, $10\dfrac{1}{90}$, $32\dfrac{5}{6}$, $57\dfrac{54}{85}$, $92\dfrac{79}{434}$, $16\dfrac{31}{35}$.

2° $62\dfrac{207}{760}$, $102\dfrac{3139}{6061}$, $118\dfrac{3003}{10000}$, $10\dfrac{3}{4}$, $134\dfrac{749}{1200}$,

$13\dfrac{31}{40}$, $182\dfrac{133}{150}$, $9\dfrac{103}{198}$, $161\dfrac{341}{715}$, $3\dfrac{2156}{3751}$.

470. $8\frac{4}{9}$.

471. $\frac{103}{112}$.

472. 2 journées $\frac{3}{4}$.

473. 20 voies.

474. 55 grosses $\frac{2}{3}$.

475. 27 jours $\frac{11}{24}$ ou 27 jours 11 heures.

476. 38 tours $\frac{31}{120}$.

477. 11 potions $\frac{23}{24}$.

478. 24 douzaines $\frac{1}{2}$.

479. 3 fois $\frac{5}{12}$.

480. 11 heures $\frac{1}{4}$.

481. Les $\frac{111}{140}$ de la besogne.

482. Les $\frac{19}{20}$.

483. Les $\frac{13}{42}$.

SOUSTRACTION DES FRACTIONS ORDINAIRES

484. 1° $\frac{1}{2}$, $\frac{1}{3}$, $\frac{1}{2}$, $\frac{3}{7}$, $\frac{1}{11}$, $\frac{1}{25}$, $\frac{9}{20}$, $\frac{37}{73}$, $\frac{7}{19}$, $\frac{2}{15}$, $\frac{1}{56}$, $\frac{1}{156}$.

2° $\frac{216}{1111}$, $\frac{2019}{15400}$, $\frac{1003}{2257}$, $\frac{3}{143}$, $\frac{187}{931}$, $\frac{2507}{9315}$, $\frac{1}{3}$,

$\frac{595}{899}$, $\frac{3293}{3690}$, $\frac{2770}{29149}$, $\frac{48602}{294415}$, $\frac{38977}{78720}$, $\frac{3}{220}$,

$\frac{2341}{14555}$, $\frac{210148}{534533}$.

485. 1° $1\frac{4}{9}$, $6\frac{1}{8}$, $24\frac{1}{11}$, $3\frac{4}{13}$, $2\frac{5}{17}$, $5\frac{28}{51}$, $4\frac{486}{1333}$,

$38\frac{1}{420}$, $16\frac{7}{24}$, $10\frac{1}{2}$.

2° $1\frac{89}{15842}$, $4\frac{174}{575}$, $25\frac{23}{4944}$, $124\frac{13297}{27269}$, $15\frac{1778}{11259}$,

$58\frac{2280}{27797}$, $15\frac{53}{684}$, $\frac{599}{1168}$, $24\frac{3}{5}$, $38\frac{67}{319}$.

486. 1° $1\dfrac{7}{8}$, $4\dfrac{231}{242}$, $4\dfrac{2}{3}$, $\dfrac{4}{7}$, $1\dfrac{94}{105}$, $2\dfrac{97}{357}$, $12\dfrac{637}{197}$,

$6\dfrac{1411}{1445}$, $23\dfrac{5037}{6877}$, $22\dfrac{1347}{1375}$.

2° $499\dfrac{476}{505}$, $228\dfrac{1708}{1715}$, $12\dfrac{56}{247}$, $1\dfrac{17}{24}$, $78\dfrac{214}{247}$, $106\dfrac{53}{72}$.

487. 1° $3\dfrac{1}{18}$, $3\dfrac{109}{198}$, $6\dfrac{473}{481}$, $4\dfrac{89}{190}$, $9\dfrac{757}{770}$, $12\dfrac{17}{20}$,

$10\dfrac{1033}{1460}$, $7\dfrac{4}{15}$, $8\dfrac{253}{924}$.

2° $7\dfrac{48}{1537}$, $16\dfrac{1063}{1435}$, $5\dfrac{209}{7623}$, $4\dfrac{1251}{2015}$, $121\dfrac{3628}{7245}$,

$355\dfrac{69}{100}$, $72\dfrac{156569}{349125}$, $91\dfrac{1211}{1260}$, $68\dfrac{11198}{49247}$, $11\dfrac{3131}{3885}$.

PROBLÈMES.

SUR LA SOUSTRACTION DES FRACTIONS.

488. $\dfrac{150119}{334105}$.

489. On gagne 1 heure $\dfrac{7}{12}$.

490. 2 jours $\dfrac{1}{2}$.

491. $\dfrac{4}{45}$ de tombereau.

492. Il n'y a pas de différence.

493. $\dfrac{5}{6}$ de ligne.

494. $\dfrac{35}{66}$.

495. Il perd les $\frac{140}{180}$ de sa fortune; il en regagne les $\frac{81}{180}$; il n'en a perdu alors que les $\frac{59}{180}$: il lui en reste encore les $\frac{121}{180}$.

496. 185 grosses $\frac{3}{4}$

497. 6 jours $\frac{1}{2}$.

498. 27 $\frac{43}{72}$.

499. 3 $\frac{7}{11}$.

500. La partie cherchée est $\frac{89}{390}$.

501. 1 paire $\frac{5}{8}$.

502. De $\frac{1}{140}$.

503. De $\frac{1}{20}$ de la distance.

504. La vitesse de la grande aiguille est douze fois plus grande que celle de la petite. Or, la grande aiguille parcourra, par minute, une des 20 divisions qui la séparent de la petite, tandis que celle-ci ne parcourra que le $\frac{1}{12}$ d'une de ces divisions. La grande aiguille se rapprochera donc, par minute, des $\frac{11}{12}$ d'une division, des $\frac{11}{12\times2}$ de deux divisions, des $\frac{11}{12\times3}$ de trois divisions,... des $\frac{11}{12\times20}$ ou $\frac{11}{240}$ de 20 divisions, c'est-à-dire des $\frac{11}{240}$ de la distance énoncée.

PROBLÈMES

SUR L'ADDITION ET LA SOUSTRACTION DES FRACTIONS.

505. Les $\frac{11}{16}$ de sa fortune.

506. 4 pièces $\frac{7}{20}$.

507. 23 journées $\frac{1}{12}$.

508. Le bassin sera à moitié plein.

509. Les $\frac{23}{60}$ du terrain.

510. 22 $\frac{7}{80}$.

511. 1 grosse $\frac{2}{3}$.

512. 65 ans.

513. Les pauvres auront les $\frac{6}{77}$ du lot; il en restera les $\frac{27}{77}$; et chacun des amis en emportera les $\frac{22}{77}$.

514. 11 heures.

515. Des $\frac{8}{75}$ de la distance; les $\frac{67}{75}$ de la distance.

516. 10 douzaines $\frac{1}{12}$.

517. Cette combinaison l'amènerait à faire les $\frac{194}{315}$ de la pièce de toile commandée en sus de la pièce elle-même.

518. N'ayant reçu que les $\frac{6}{15}$ au lieu des $\frac{10}{15}$ du contenu de la caisse X, il réclamera les $\frac{4}{15}$ qui lui manquent.

MULTIPLICATION DES FRACTIONS ORDINAIRES.

I.

519. 1° $1\frac{1}{5}$, $2\frac{6}{7}$, $1\frac{5}{11}$, $1\frac{8}{13}$, $2\frac{6}{7}$, $3\frac{3}{17}$, $2\frac{4}{5}$, $4\frac{5}{19}$,

$4\frac{7}{12}$, $7\frac{13}{21}$, $\frac{15}{22}$, $15\frac{15}{31}$, $19\frac{2}{7}$, $15\frac{19}{35}$, $25\frac{15}{17}$, $36\frac{44}{61}$.

2° $43\frac{43}{229}$, $39\frac{129}{137}$, $18\frac{192}{503}$, $65\frac{85}{97}$, $58\frac{277}{633}$, $88\frac{188}{277}$,

$42\frac{75}{161}$, $29\frac{46}{421}$, $19\frac{475}{999}$, $691\frac{23}{250}$, $99\frac{1}{101}$, $174\frac{550}{733}$.

II.

520. 1° $5\frac{7}{13}$, $1\frac{1}{4}$, $12\frac{20}{31}$, $2\frac{14}{23}$, $2\frac{1}{22}$, $15\frac{37}{65}$, $6\frac{18}{25}$,

$5\frac{5}{17}$, $46\frac{4}{31}$, 17, $30\frac{2}{5}$, $15\frac{10}{27}$, $25\frac{2}{7}$, $10\frac{6}{19}$,

$2\frac{10}{33}$, $32\frac{4}{9}$, $22\frac{1}{7}$, $\frac{41}{79}$.

2° 45, $30\frac{6}{7}$, $4\frac{3}{4}$, 726, $205\frac{10}{23}$, $107\frac{11}{83}$, $720\frac{36}{43}$,

$344\frac{1}{115}$, $231\frac{39}{91}$, $466\frac{56}{59}$, $262\frac{20}{43}$, $243\frac{82}{105}$,

$283\frac{11}{34}$, $440\frac{19}{40}$, $806\frac{94}{901}$.

521. $1\frac{1}{2}$, $\frac{1}{3}$, $1\frac{3}{4}$, $\frac{2}{3}$, $1\frac{2}{3}$, $1\frac{1}{2}$, $1\frac{1}{2}$, $3\frac{1}{2}$, $4\frac{1}{4}$,

$\frac{1}{2}$, $2\frac{1}{2}$, $4\frac{1}{2}$, $11\frac{2}{3}$, $1\frac{1}{4}$, $6\frac{5}{8}$, $2\frac{2}{5}$, $2\frac{5}{9}$,

$6\frac{7}{9}$, $1\frac{2}{5}$, $\frac{2}{7}$, $1\frac{1}{4}$, $1\frac{2}{9}$.

522. $\frac{5}{12}$, $7\frac{2}{3}$, $10\frac{1}{4}$, $2\frac{1}{17}$, $25\frac{1}{2}$, $\frac{4}{5}$, $6\frac{3}{4}$, $19\frac{2}{5}$,

$34\frac{5}{12}$, $2\frac{18}{25}$, $14\frac{5}{7}$, $50\frac{1}{2}$, $1\frac{5}{12}$, $35\frac{1}{9}$, $38\frac{5}{6}$,

$5\frac{5}{6}$, $3\frac{4}{7}$, $12\frac{1}{3}$, $15\frac{10}{11}$, $53\frac{1}{3}$, $48\frac{7}{11}$.

III.

523. 1° $\frac{9}{26}$, $\frac{7}{18}$, $\frac{10}{77}$, $\frac{1}{72}$, $\frac{72}{255}$, $\frac{264}{575}$, $\frac{224}{991}$, $\frac{10}{589}$, $\frac{504}{1925}$,

$\frac{8}{183}$, $\frac{111}{143}$, $\frac{1}{14}$, $\frac{2185}{4753}$, $\frac{1435}{2376}$, $\frac{3172}{3465}$, $\frac{4000}{4641}$.

2° $\dfrac{570}{3901}$, $\dfrac{37842}{175175}$, $1\dfrac{11}{10764}$, $\dfrac{22785}{38473}$, $\dfrac{133457}{188160}$,

$\dfrac{149026}{487795}$, $\dfrac{10000}{10403}$, $\dfrac{10000}{11663}$, $\dfrac{1000000}{1334311}$.

524. 1° $\dfrac{24}{385}$, $\dfrac{16}{143}$, $\dfrac{99}{340}$, $\dfrac{1}{120}$, $\dfrac{64}{597}$, $\dfrac{55}{18767}$, $\dfrac{1725}{2294}$, $\dfrac{209}{123500}$,

2° $\dfrac{36729}{44086}$, $\dfrac{65736}{801125}$, $\dfrac{52864}{299675}$, $\dfrac{6150}{16813}$, $\dfrac{2000}{8073}$,

$\dfrac{82315000}{205591203}$.

525. $\dfrac{3}{50}$, $\dfrac{20}{90}$, $\dfrac{756}{5525}$, $\dfrac{195}{896}$, 10, 35, 80, 28.

IV.

526. 1° $29\dfrac{1}{7}$, $55\dfrac{3}{5}$, $37\dfrac{1}{3}$, $101\dfrac{7}{8}$, $114\dfrac{14}{17}$, $217\dfrac{4}{5}$,

$3\dfrac{107}{279}$, $2\dfrac{337}{470}$, $5\dfrac{484}{1881}$, $62\dfrac{13}{33}$, $26\dfrac{154}{1681}$, $5\dfrac{473}{875}$.

2° $1\dfrac{69}{175}$, $4\dfrac{1208}{1617}$, $17\dfrac{227}{240}$, $21\dfrac{49}{203}$, $4\dfrac{158}{291}$, $45\dfrac{745}{1242}$,

$18\dfrac{17}{39}$, $49\dfrac{7}{33}$, $5\dfrac{1}{96}$, $878\dfrac{321}{490}$, $3689\dfrac{248}{527}$.

- 65 -

$$3° \quad 69\frac{1}{3}, \quad 158\frac{35}{56}, \quad 3493\frac{1}{2}, \quad 998, \quad 1022\frac{1}{32}, \quad 444\frac{84}{221},$$

$$58684\frac{4}{101}, \quad 450\frac{69}{100}, \quad 222\frac{36}{49}, \quad 275\frac{3575}{2841}, \quad 16\frac{511}{750},$$

$$4895\frac{13}{30}.$$

527. A 288 mètres.

528. Le son parcourt dans l'eau 1 430 mètres par seconde.

529. 83 ans.

530. 10 252 tours $\frac{2}{3}$.

531. 1 535 minutes ; 92 100 secondes.

532. Le premier ouvrier a travaillé pendant 7 jours $\frac{13}{36}$; le second, pendant 10 jours $\frac{11}{36}$.

533. 46 heures $\frac{1}{4}$.

534. 27 lieues $\frac{1}{5}$.

535. Si la diligence fait 16 lieues en 5 heures, elle fera une lieue en 16 fois moins de temps, ou en $\frac{5}{16}$ d'heure ; elle fera 8 lieues $\frac{1}{2}$ en 8 fois $\frac{1}{2}$ plus de temps, ou en 2 heures $\frac{21}{32}$.

536. 28 parties $\frac{4}{7}$ d'eau, 71 parties $\frac{3}{7}$ de vin.

537. Hambourg, 130 000 habitants ; Lubeck, 26 000 hab.

538. 158 kilomètres $\frac{5}{8}$.

539. 479 $\frac{69}{152}$.

540. 152 francs.

541. 431 hectolitres $\frac{11}{20}$.

542. 8 incisives, 4 canines et 20 molaires.

543. 507 parties de cuivre et 143 parties d'étain, résultats qu'on obtient en prenant les $\frac{78}{100}$, puis les $\frac{22}{100}$ de 650.

544. Le premier, ayant fait les $\frac{4}{7}$ de la besogne, doit avoir les $\frac{4}{7}$ de 84 fr., ou 48 ; le deuxième, en ayant fait les $\frac{2}{7}$, aura 24 fr. ; le troisième en ayant fait les $\frac{5}{42}$, aura 10 fr. ; le quatrième en ayant fait le $\frac{1}{42}$, aura 2 fr.

545. 2 954 kilomètres.

546. Il a fait 75 mètres carrés de peinture, et a gagné 300 francs.

547. 8 mouchoirs $\frac{11}{18}$.

548. 22 heures.

549. Les $\frac{7}{11}$ d'une heure ou de 60 minutes valent 38 minutes $\frac{2}{11}$.

550. 91 douzaines $\frac{1}{8}$.

PROBLÈMES

SUR L'ADDITION, LA SOUSTRACTION ET LA MULTIPLICATION DES FRACTIONS.

551. Le bureau de bienfaisance aura 351 650 fr., le hospices, 175 825 fr., les parents, 1 054 950 francs.

552. 190 fr. 20.

553. Il a dépensé d'abord 15 400 fr., puis 11 000 fr., puis 10 500 fr.; en tout, 36 900 fr. Il lui reste 1 600 francs.

554. Les $\frac{33}{80}$ de la tâche.

555. Les espaces parcourus sont 8 736 mèt. et 10 164 m.; leur somme est 18 900 m., leur différence est 1 428 mètres.

556. $\frac{10}{27}$ et $\frac{5}{27}$.

557. 165 200 mètres et 94 400 mètres.

558. 529 minutes $\frac{67}{72}$.

559. $\frac{29}{676}$.

560. $\frac{1}{5}$.

561. Les $\frac{2}{27}$.

562 Elle devient à la fin de la première année les $\frac{11}{10}$ de sa valeur primitive; à la fin de la deuxième année, les $\frac{176}{150}$; à la fin de la troisième année, les $\frac{3696}{3000}$. Elle se trouve donc augmentée de ses $\frac{696}{3000}$ ou de ses $\frac{29}{125}$ au bout de trois ans.

563. Une pièce $\frac{1}{2}$.

564. Ils raboteront, en travaillant ensemble, 57 planches $\frac{3}{26}$.

565. 3 minutes $\frac{25}{24}$.

566. 25 minutes $\frac{4}{6}$.

567. 298 $\frac{2}{3}$.

DIVISION DES FRACTIONS ORDINAIRES.

I.

568. 1° $\dfrac{5}{36}$, $\dfrac{6}{34}$, $\dfrac{7}{33}$, $\dfrac{4}{72}$, $\dfrac{4}{77}$, $\dfrac{3}{70}$, $\dfrac{8}{120}$, $\dfrac{3}{48}$, $\dfrac{7}{48}$, $\dfrac{8}{66}$,

$\dfrac{5}{105}$, $\dfrac{6}{130}$, $\dfrac{12}{247}$, $\dfrac{14}{341}$, $\dfrac{29}{360}$, $\dfrac{22}{299}$.

2° $\dfrac{15}{342}$, $\dfrac{34}{945}$, $\dfrac{40}{392}$, $\dfrac{51}{477}$, $\dfrac{24}{435}$, $\dfrac{43}{792}$, $\dfrac{71}{2400}$, $\dfrac{84}{1843}$,

$\dfrac{13}{192}$, $\dfrac{58}{3422}$, $\dfrac{62}{1575}$, $\dfrac{49}{1000}$, $\dfrac{27}{455}$, $\dfrac{38}{6174}$, $\dfrac{59}{2928}$,

$\dfrac{77}{6320}$, $\dfrac{19}{1040}$, $\dfrac{64}{2550}$, $\dfrac{50}{2347}$, $\dfrac{89}{9900}$.

569. 1° $\dfrac{2}{11}$, $\dfrac{2}{9}$, $\dfrac{1}{7}$, $\dfrac{2}{13}$, $\dfrac{5}{17}$, $\dfrac{2}{19}$, $\dfrac{5}{29}$, $\dfrac{3}{34}$, $\dfrac{3}{89}$, $\dfrac{9}{97}$, $\dfrac{9}{73}$, $\dfrac{4}{71}$.

2° $\dfrac{5}{86}$, $\dfrac{6}{63}$, $\dfrac{7}{57}$, $\dfrac{4}{89}$, $\dfrac{5}{131}$, $\dfrac{25}{709}$, $\dfrac{4}{217}$, $\dfrac{113}{401}$, $\dfrac{4}{427}$,

$\dfrac{11}{122}$, $\dfrac{9}{301}$, $\dfrac{20}{2003}$.

II.

570. 1° $11\frac{2}{3}$, $43\frac{1}{2}$, $11\frac{11}{39}$, $24\frac{2}{5}$, $19\frac{1}{2}$, 36, $169\frac{3}{5}$,

$1\,692$, $5\frac{5}{8}$, $18\frac{2}{7}$, $4\,725$, $1\,330$, 200, $27\frac{9}{10}$,

$269\frac{1}{2}$, $274\frac{8}{15}$, $127\frac{1}{2}$, $28\frac{5}{17}$, $421\frac{9}{11}$, $87\frac{3}{13}$,

$16\frac{2}{5}$, $35\frac{35}{48}$, $238\frac{1}{3}$, $98\frac{9}{10}$.

2° $1\,043\frac{291}{315}$, $440\frac{794}{815}$, $714\frac{207}{212}$, $46\frac{252}{413}$, $815\frac{16}{153}$,

$1\,290\frac{19}{100}$, $345\frac{1}{20}$, $231\frac{261}{319}$, $705\frac{355}{421}$, $1\,711\frac{184}{401}$.

III.

571. 1° $\frac{8}{21}$, $5\frac{7}{13}$, $1\frac{23}{75}$, $\frac{9}{40}$, $1\frac{1}{55}$, $1\frac{89}{252}$, $1\frac{11}{17}$, $1\frac{37}{203}$,

$1\frac{11}{70}$, $1\frac{457}{704}$, $\frac{371}{384}$, $\frac{2024}{2059}$, $4\frac{65}{72}$, $1\frac{259}{946}$.

2° $2\frac{143}{212}$, $1\frac{331}{468}$, $\frac{1\,188}{1\,235}$, $1\frac{2\,123}{13\,750}$, $1\frac{20\,543}{52\,717}$, $\frac{737}{21\,228}$,

$6\frac{1\,372}{2\,155}$, $\frac{22\,203}{294\,630}$, $1\frac{41\,808}{84\,217}$, $\frac{6\,875}{7\,781}$, $1\frac{899}{100\,000}$,

$1\frac{58\,789}{288\,566}$.

IV.

572. $\dfrac{31}{35}$, $2\dfrac{1}{18}$, $\dfrac{51}{100}$, $1\dfrac{14}{33}$, $6\dfrac{5}{16}$, $\dfrac{199}{315}$, $4\dfrac{55}{84}$, $3\dfrac{101}{117}$, $1\dfrac{131}{170}$,

$9\dfrac{17}{100}$, $4\dfrac{69}{368}$, $\dfrac{173}{399}$, $3\dfrac{337}{406}$, $3\dfrac{123}{200}$, $\dfrac{887}{1000}$, $2\dfrac{1249}{1350}$,

$6\dfrac{122}{247}$, $3\dfrac{323}{702}$.

573. $2\dfrac{4}{17}$, $2\dfrac{110}{161}$, $6\dfrac{15}{64}$, $5\dfrac{307}{322}$, $4\dfrac{33}{221}$, $6\dfrac{263}{979}$, $\dfrac{1615}{2252}$, $\dfrac{2457}{3496}$,

$\dfrac{93}{110}$, $54\dfrac{260}{273}$, $4\dfrac{116}{551}$, $6\dfrac{931}{1581}$, $1\dfrac{51691}{55725}$, $2\dfrac{4027}{13310}$,

$\dfrac{17440}{22789}$, $1\dfrac{55277}{89958}$, $3\dfrac{40577}{77487}$, $7\dfrac{4265}{5603}$.

574. 1° $17\dfrac{3}{7}$, $8\dfrac{9}{22}$, $14\dfrac{1}{52}$, $19\dfrac{11}{46}$, $18\dfrac{42}{91}$, $19\dfrac{14}{15}$, $33\dfrac{101}{165}$,

$25\dfrac{109}{187}$, $25\dfrac{43}{506}$.

2° $57\dfrac{69}{475}$, 421, $319\dfrac{1}{3}$, $68\dfrac{1121}{1728}$, $43\dfrac{453}{529}$, $287\dfrac{61}{150}$,

$615\dfrac{21}{49}$, $74\dfrac{1063}{2268}$, 9800.

575. 1° $1\frac{11}{13}$, $\frac{22}{47}$, $1\frac{13}{137}$, $\frac{36}{65}$, $1\frac{29}{67}$, $\frac{1235}{2327}$, $1\frac{2}{9}$, $1\frac{11}{64}$,

$\frac{390}{733}$, $3\frac{34}{71}$, $1\frac{47}{57}$, $\frac{2178}{2425}$.

2° $1\frac{161}{397}$, $\frac{4620}{4961}$, $1\frac{1057}{4839}$, $\frac{935}{2674}$, $1\frac{834}{3233}$, $\frac{2880}{2909}$,

$\frac{33}{322}$, $\frac{136}{3627}$, $\frac{6}{133}$, $\frac{8}{267}$, $\frac{2}{77}$, $\frac{69}{9568}$.

3° $\frac{45}{3392}$, $\frac{344}{35225}$, $\frac{15}{1649}$, $\frac{744}{43015}$, $\frac{238}{13599}$, $\frac{902}{69003}$,

$\frac{518}{1495}$, $\frac{2320}{93717}$, $\frac{3540}{638561}$, $\frac{3280}{197409}$, $\frac{1975}{9898}$, $\frac{8051}{553840}$.

PROBLÈMES

SUR LA DIVISION DES FRACTIONS.

576. $\frac{8}{35}$ de lieue.

577. Les $\frac{7}{15}$ du nombre cherché égalent 2744; en d'autres termes, le produit de $\frac{7}{15}$ par le nombre cherché égale 2744. Connaissant un produit 2744 et l'un de ses facteurs $\frac{7}{15}$, on trouvera l'autre facteur en divisant 2744 par $\frac{7}{15}$. Cet autre facteur, c'est-à-dire le nombre demandé, est 5880.

On arrive à la même solution par le raisonnement qui suit : Les $\frac{7}{15}$ du nombre valant 2744, un seul quinzième vaudra sept fois moins, ou $\frac{2744}{7}$; le nombre tout entier ou ses $\frac{15}{15}$, vaudra 15 fois $\frac{2744}{7}$, ou $\frac{15\times2744}{7}=5880$. Ce qui revient à ce qui est dit plus haut, si l'on observe que $2\,744 \times \frac{15}{7} = 2\,744 : \frac{7}{15}$.

578. 567.

579. Les $\frac{8}{9}$ d'un seau.

580. 28 révolutions par seconde.

581. 48.

582. $1 : 1\frac{7}{13} = 1 : \frac{20}{13} = \frac{13}{20}$.
En effet, $\frac{13}{20} \times 1\frac{7}{13} = \frac{13}{20} \times \frac{20}{13} = \frac{13 \times 20}{20 \times 13} = \frac{1}{1} = 1$. Le facteur demandé est donc $\frac{13}{20}$.

583. La locomotive va trois fois $\frac{4}{30}$ plus vite que la voiture.

584. 1 fois $\frac{2}{3}$.

585. 10 bagues.

586. 7 enfants.

587. $6\frac{3}{8}$.

588. $\frac{6}{7}$.

589. 8 tombereaux.

590. 36 jours $\frac{24649}{28800}$.

591. 3 113 francs.

PROBLÈMES

SUR LES QUATRE OPÉRATIONS DES FRACTIONS.

592. Les deux courriers se rencontreront au bout de 4 heures $\frac{65}{67}$. Le premier aura fait 11 lieues $\frac{40}{67}$, le second aura fait 16 lieues $\frac{41}{268}$.
Puisque les courriers marchent l'un sur l'autre, ils se rapprocheront, par heure, d'une distance égale à la somme des espaces parcourus par chacun d'eux, c'est-à-dire de 5 lieues $\frac{7}{12}$. Ils se rencontreront donc dans un temps marqué par le quotient de $27\frac{3}{4}$ par $5\frac{7}{12}$. Ce quotient est 4 heures $\frac{65}{67}$.

Le premier courrier, cheminant pendant ces 4 heures $\frac{65}{67}$, fera, à raison de 2 lieues $\frac{1}{8}$ par heure, une route exprimée par $4\frac{65}{67} \times 2\frac{1}{5}$, ou 11 lieues $\frac{40}{67}$; le second, à raison de 3 lieues $\frac{1}{4}$ par heure, fera 16 lieues $\frac{41}{268}$.

593. Le courrier atteindra le cavalier, 12 heures $\frac{22}{39}$ après le départ, à une distance de 55 lieues $\frac{41}{39}$ du point A et à une distance de 41 lieues $\frac{11}{39}$ du point B.

En effet, le courrier gagnera 1 lieue $\frac{4}{35}$ par heure sur le cavalier. Pour gagner toute la distance qui les sépare, c'est-à-dire 14 lieues, il mettra 12 heures $\frac{22}{39}$, pendant lequel temps il fera, à raison de 4 lieues $\frac{2}{5}$ à l'heure, 55 lieues $\frac{41}{39}$, tandis que le cavalier ne fera, à raison de 3 lieues $\frac{1}{4}$ à l'heure, que 41 lieues $\frac{11}{39}$, c'est-à-dire 14 lieues de moins.

594. 68 lieues $\frac{13}{24}$.

595. 1 page $\frac{79}{84}$.

Cherchez ce que chacun des copistes fait en une heure, et prenez la différence des deux résultats.

596. $\frac{110039521}{406541850}$.

597. On me devait 9 582 fr. 35.

598. Il s'échappera $\frac{13}{92}$ de litre.

599. 8 litres $\frac{481}{546}$.

600. 2 136 kilomètres.

601. 4 heures $\frac{5}{18}$.

Le maître fait en 1 heure le $\frac{1}{7}$ de l'ouvrage, l'apprenti en fait le $\frac{1}{11}$; les deux réunis font, en 1 heure, les $\frac{18}{77}$ de l'ouvrage. Pour faire $\frac{1}{77}$, ils mettraient 18 fois moins de temps, ou $\frac{1}{18}$ d'heure; pour faire les $\frac{77}{77}$ de l'ouvrage, ils mettront 77 fois $\frac{1}{18}$ d'heure, ou 4 heures $\frac{5}{18}$.

602. $\frac{66}{79}$ d'heure.

603. 8 heures.

604. La ration de chaque homme sera de $1\frac{1}{4}$ par jour.

605. 200 francs.

J'ai dépensé les $\frac{2}{5} +$ le $\frac{1}{4}$ des $\frac{3}{5}$, ou les $\frac{11}{20}$ de ce que j'avais. Il me reste les $\frac{9}{20}$. Si ces $\frac{9}{20}$ égalent 90 fr., $\frac{1}{20} = \frac{90}{9} = 10$. D'où ce que j'avais dans ma bourse, ou $\frac{20}{20} = 200$.

606. La fraction $\frac{1}{5}$ forme les $\frac{2}{10}$ de $\frac{2}{7}$.

607. 126.

608. 1 324 $\frac{268}{407}$.

609. 2 964 $\frac{3484}{11049}$.

610. La deuxième est $\frac{2}{5}$ et la troisième $\frac{4}{5}$.

Retranchant la première partie, il reste 1 $\frac{1}{5}$, dont le tiers ou $\frac{2}{5}$ est la deuxième partie demandée, et dont les deux tiers restants ou $\frac{4}{5}$ sont la troisième.

PROBLÈMES DE RÉCAPITULATION.

611. 2 de 0 fr. 80; 1 de 0 fr. 80, 1 de 0 fr. 20, 1 de 0 fr. 10, 1 de 0 fr. 05; 2 de 0 fr. 80, 1 de 0 fr. 40, 1 de 0 fr. 20, 1 de 0 fr. 10, 1 de 0 fr. 05; 3 de 0 fr. 80, 1 de 0 fr. 40, 1 de 0 fr. 10, 1 de 0 fr. 05; 5 de 0 fr. 80, 1 de 0 fr. 10, 1 de 0 fr. 02, 1 de 0 fr. 01.

612. Trois de 40 centimes, deux de 10 cent.; huit de 40 cent., trois de 10 cent., cinq de 40 cent., un de 10 cent., un de 5 cent.; quinze de 40 cent., trois de 10 centimes

613. 1 351 fr. $\frac{1}{7}$.

614. Le bassin sera rempli en $\frac{12}{64}$ d'heures.

La première fontaine remplit en $\frac{3}{7}$ d'heure une fois le bassin, — en $\frac{1}{7}$ d'heure, le $\frac{1}{3}$ du bassin, — en $\frac{7}{7}$ d'heure ou en 1 heure, 7 fois le $\frac{1}{3}$ ou les $\frac{7}{3}$ du bassin.

De même la deuxième fontaine remplit en 1 heure les $\frac{11}{4}$ du bassin. Les deux réunies remplissant en 1 heure les $\frac{64}{12}$ du bassin, $\frac{1}{12}$ sera rempli en $\frac{1}{64}$ d'heure; le bassin sera donc rempli en 12 fois $\frac{1}{64}$ ou en $\frac{12}{64}$ d'heure.

615. 30 jours.

616. 12 00 000 000 d'hectares.

617. 13 heures $\frac{1}{3}$.

618. 20 h'ures.

En effet, les trois tuyaux réunis remplissent en une heure la $\frac{1}{2}$ du réservoir; le premier tuyau en remplit pour sa part le $\frac{1}{4}$, le second le $\frac{1}{5}$. Si, de $\frac{1}{2}$ ou $\frac{10}{20}$ nous retranchons $\frac{1}{4} + \frac{1}{5}$, ou $\frac{9}{20}$, le reste $\frac{1}{20}$ nous indiquera la partie du réservoir remplie dans une heure par le troisième tuyau. Ce dernier remplirait donc seul le réservoir en 20 heures.

619. 10 litres ou 10 décimètres cubes.

620. 7 jours $\frac{61}{120}$.

621. Les $\frac{13}{55}$.

622. 1° 108 kilogr., 180 kilogr., 135 kilogr., 117 kilogr. 2° 10 k. $\frac{78}{111}$ ou 10 k. 702... d'étain, 97 k. $\frac{33}{111}$ ou 97 k. 297... de cuivre; 17 k. $\frac{93}{111}$ ou 17 k. 837... d'étain, 162 k. $\frac{18}{111}$ ou 162 k. 162... de cuivre; 13 k. $\frac{42}{111}$ ou 13 k. 378... d'étain, 121 k. $\frac{69}{111}$ ou 121 k. 621... de cuivre; 11 k. $\frac{66}{111}$ ou 11 k. 594... d'étain, 105 k. $\frac{45}{111}$ ou 105 k. 405... de cuivre.

623. 1° Frais pour l'exploitation en total, 3 044 078 358 fr.; pour chaque année, en moyenne, 28 568 423 fr. 53; 2° bénéfice moyen sur chaque année, 64 767 624 fr. 64.

624. 1° 1 mètre cube ou 1 stère; 2° 4 mètres cubes ou 4 stères; 4 mètres cubes, 687 500 centimètres cubes ou 4 stères, 6 décistères, 875.

625. 5 stères.

626. La capacité de la fontaine est de 243 décimètres cubes 750 centimètres cubes; elle peut donc contenir 243 litres 75 centilitres.

627. Le volume de la feuille de zinc proposée est de 1 décimètre cube. Il est donc la millième partie d'un mètre cube; d'où la feuille de zinc pèse $\frac{7000}{1000}$ kilogr. ou 7 kilogr.

628. 4 500 kilogrammes.

629. Le titre de l'alliage est le rapport du poids de l'argent pur avec le poids du vase. Ce rapport est $\frac{252}{315} = 0,8 = 0,800$.

630. Les entrepreneurs ont restauré en tout $131^m 25$ pour la somme de 459 fr. Le prix du mètre est alors de

3 fr. 497, d'où le premier entrepreneur aura 205 fr. 45, le deuxième 96 fr. 17, le troisième 157 fr. 37.

631. 405 hectares, 2 ares; 2025 hectares, 10 ares; 1620 hectares, 8 ares.

632. 27 mètres, 17.

633. 582 fr. 48.

634. 1871 fr. 76.

10 m. c., 415 à 91 fr.	947 fr. 765
27 m. c., 050 à 38 fr.	1027 fr. 900
Prix de l'achat.	1975 fr. 665
A déduire le $\frac{1}{10}$	197 fr. 5665
	1778 fr. 0985
Ajoutant le transport.	93 fr. 6625
Prix net de l'achat.	1871 fr. 7610

635. Il a perdu 85 francs.

636. Le plus jeune aura 47 fr., le deuxième aura 112 fr., l'aîné aura 192 fr.

637. Il devra vendre le litre 0 fr. 65.

638. 0 kilogr. 99.

639. 20 minutes $\frac{40}{61}$, ou 20' 39" $\frac{21}{61}$ de seconde.

640. Le nombre demandé est 24.

Les $\frac{2}{3}$ du nombre multipliés par $\frac{5}{6}$ donnent les $\frac{5}{9}$ du nombre. Ces $\frac{5}{9}$ égalent 20 diminués de 6 $\frac{2}{3}$, égalent 13 $\frac{1}{3}$. Le produit de $\frac{5}{9}$ par le nombre pensé étant 13 $\frac{1}{3}$, il est clair que ce nombre pensé sera le quotient de 13 $\frac{1}{3}$ divisé par $\frac{5}{9}$, lequel quotient est 24.

641. 8 pièces de 5 francs ou 40 francs.

642. 12400 francs.

On a fait verser le $\frac{1}{10}$ + le $\frac{1}{20}$ + le $\frac{1}{25}$, en totalité les $\frac{19}{100}$ de l'héritage. Il en reste donc les $\frac{81}{100}$, qui ont une valeur de 10044 fr. Le $\frac{1}{100}$ de l'héritage vaudra alors $\frac{10044}{81}$, les $\frac{100}{100}$ vaudront 100 fois $\frac{10044}{81} = \frac{1004400}{81} = 12400$.

643. La réponse est 0.

644. 144 œufs.

645. A 1 heure 5 minutes $\frac{5}{11}$; à 2 heures 10 minutes $\frac{10}{11}$; à 3 heures 16 minutes $\frac{4}{11}$.

La grande aiguille gagne en une heure 55 divisions sur la petite. Pour gagner 1 division, elle mettra $\frac{1}{55}$ d'heure, et pour gagner les 60 divisions qui la séparent au moment où elle commence à marcher, elle mettra $\frac{60}{55}$ d'heure, ou 1 heure 5 minutes $\frac{5}{11}$.

Les autres rencontres auront lieu au bout d'un temps double, triple, quadruple, etc.

646. 6 heures 32 minutes $\frac{8}{11}$.

647. Le Loiret, 3 992 hommes; le Loir-et-Cher, 3 061; l'Eure-et-Loir, 3 447.

648. 25 et 10.

649. 436 pieds $\frac{64}{72}$.

650. 736 francs.

Multipliant les trois dimensions, nous aurons $24 \times 2,80 \times 0,65 = 43$ m. cub., 68.

Le prix du mètre cube étant de 16 fr. 85, la dépense sera de $43,68 \times 16,85 = 736$ fr. 008.

651. 47 m. cub., 368.

652. 1 181 kilogr., 632.

Puisque la masse solide a perdu, par la fonte, $\frac{1}{50}$ de son poids, il ne lui en reste plus que les $\frac{49}{50}$. Or, ces $\frac{49}{50}$ égalent 1 158 k.; $\frac{1}{50}$ égalera $\frac{1158}{49}$, et les $\frac{50}{50}$ égaleront $\frac{1158 \times 50}{49}$ ou 1 181,632. En effet, 1 181 k., $632 - \frac{1181,632}{50} = 1\,181,632 - 23,632 = 1\,158$.

653. 763 fr. 68.

654. 1 kilogr. 755 grammes.

La pièce de 5 francs pesant 25 gr., 78 pièces pèseront 1 950 gr., dont les $\frac{9}{10}$ sont 1 755 grammes.

655. 2 722 fr., 222…

L'argent pur donné formerait les $\frac{9}{10}$ de l'alliage. Le poids de cet alliage serait donc égal au quotient de 12 k. 25 par $\frac{9}{10}$, ou à 13 k., 611111..., ou à 13611 gr., 111... Le franc pesant 5 grammes, la valeur cherchée sera $\frac{13611,111}{5} =$ 2722 fr. 22...

656. Le poids normal de la pièce de 40 fr. étant de 12 gr., 9032, nous aurons $12,9032 \times 0,002 = 0,0258064$, d'où son poids maximum est de $12,9032 + 0,0258064 = 12$ gr., 9290064; son poids minimum est de $12,9032 - 0,0258064 = 12$ gr., 8773936. En effet, le poids moyen de ces deux limites est de $\frac{12 \text{ gr., } 9290064 + 12 \text{ gr., } 8773936}{2} = 12 \text{ gr., } 9032,$ le poids normal.

De même pour la pièce de 20 fr., le poids maximum est de 6 gr., 4645032, le poids minimum est de 6 gr., 4386968.

Pour la pièce de 10 fr., le poids maximum est de 3 gr., 2322516, le poids minimum est de 3 gr., 2193484.

Pour la pièce de 5 fr., le poids maximum est de 1 gr., 6161258, le poids minimum est de 1 gr., 6096742.

657. Le poids maximum d'une pièce d'argent de 5 fr. est de 25 gr., 075; son poids minimum est de 24 gr., 925.

658. 35 fr. 65.

Un poids d'or monnayé de 12 gr., 9032 valant 40 fr., 1 gramme vaudra $\frac{40}{12,9032}$ ou 3 fr. 10; 11 gr., 5 vaudront $11,5 \times 3$ fr. 10, ou 35 fr. 65.

659. 198 gr., 26.

Il suffit, en pareil cas, de multiplier le titre, quel qu'il soit, par le poids de l'objet.

660. Le titre de l'alliage est de 0,854.

Les 120 grammes, au titre de 0,950, donnent $120 \times 0,950 = 114$ grammes d'argent pur.

Les 215 grammes, au titre de 0,800, contiennent 172 gr. d'argent pur.

On recueille donc, après l'opération, une masse de 335 gr. d'alliage contenant 286 gr. d'argent pur, d'où 1 gr. d'alliage contiendra alors $\frac{286}{335}$, ou 0,854 d'argent pur.

661. Il faut allier 9 grammes au titre de 0,920 avec 8 grammes au titre de 0,750.

1 gr. à 0,92 contient en excès sur l'alliage demandé 0 gr., 08 d'or pur.

1 gr. à 0,75 donne un déficit de 0 gr., 09.

En prenant 9 gr. à 0,92 nous aurons un excès de 0 gr., 72; en prenant 8 gr. à 0,75, nous aurons un déficit de 0 gr., 72. Il y aura donc compensation.

En effet, 8 gr. à 0,75 donnent 6 gr., 00 d'or pur; 9 gr. à 0,92 donnent 8 gr., 28.

Les 17 grammes de l'alliage ainsi formé donnent 14 gr., 28 d'or.

17 gr. à 0,84 donnent également 14 gr., 28 d'or pur.

(2426) Paris. — Imp. de Édouard Blot, rue Saint-Louis, 46.

www.ingramcontent.com/pod-product-compliance
Ingram Content Group UK Ltd.
Pitfield, Milton Keynes, MK11 3LW, UK
UKHW022113070726
13613UKWH00003B/1033